すっきり暮らすためのもの選びのコツ

We can make good life by choosing things.

柳沢小実

大和書房

＼はじめに／

「すっきり」はものを選ぶところから

2009年に、趣味が高じて
「整理収納アドバイザー1級」の資格を取り、
それから、ものと暮らしの関係性に
長いこと向き合ってきました。

「すっきり」は、もの選びから始まる。
使い勝手が良くて、
手に入れる理由のあるものだけを持つ。
そして、必要十分量を知って
適量を守れば、
収納に悩まされることもなくなります。

この本では、ものを選ぶ基準と
それらをどのようにしまうか、
持ちものと良い関係をつくるための
様々なアイデアをまとめました。

これがあると、スイッチが入る
家しごとが時短になる
義務感が減って、気分が上がる
一日がリセットできる

何十年もつき合う家具、棚の上に置いたポプリ、
毎日使うマグカップ、疲れを癒す入浴剤など
大きなものからごくささやかなものまで、
厳選した１６１の偏愛品のおかげで
すっきり暮らせています。

使うたびに〝やっぱりこれ、いいなぁ〟と思う。
そんなもの選びができたら、最高です。

CONTENTS

1

ごはんの準備がはかどるもの

EAT 01

美しくて機能的、使いたくなる道具を選ぶ

キッチンは、家の中でもとびぬけて、広さに対して物量の多い場所です。

キッチンで使う道具類は、素材や構造的にも壊れにくいものばかり。だから、少数精鋭ながら10年選手がごろごろいます。

現在は、「ひととおり揃ったあとのもの選び」というフェーズです。ここ15年で登場回数が減っているのは、実家からもらってきたずしりと重い鍋や、凝った料理のための専門的な道具。そして、軽い道具や様々な用途に使える道具が、それに代わりました。

「鍛金工房 WESTSIDE33」の四角鍋は、冬の定番メニューを「鍋でいいか」から「鍋がいいね」に変えてくれました。四角い形状は具材が泳がず、熱伝導率の高いアルミ素材でとにかく軽い。たっぷりの生姜とお醤油でいただく〝豚とほうれん草の鍋〟も、この鍋でなくては。多少は用途が限られますが、鍋のときにうっすら漂う手抜き感が払しょくされました。

このところの10年間で〝ラク・時短〟へとトレンドが変わり、そして今後もまた変化していくのでしょう。それでもなお、キッチンの道具を選ぶ基準の「軽さと使いやすさは正義」は永遠なはずです。

このあと何かを手に入れる際は、それらに加えて背筋が伸びるような佇まいの美しさも重視したい。もの選びの真剣勝負はずっと続く。とびきりの一生ものを、ひたむきに探していきます。

鍛金工房 WESTSIDE33の四角鍋（中）

鍋

わが家の10年選手

錦見鋳造の魔法のフライパン

焼きものにうれしい鉄製フライパン

熱伝導が良くて焼きムラがなく、お肉や炒め物が抜群に美味しくなる。やや浅めの鉄製フライパン。持ち手は熱くなりません。ほぼノーメンテナンスでも大丈夫です。直径24cm×高さ4.3cm、重さ850g。

クーザンスの鋳物琺瑯鍋

フラットなデザインと
カラーリングに惹かれて

スモーキーな色と、フラットな蓋のデザインが決め手に。18cmはスープ、20cmは炊飯、22cmは煮込み用です。重い鍋は引き出しに入れると出し入れしにくいので、キッチン背面に積んで、見せる収納にしています。

新たに増えたもの

高木金属のグリル・オーブントースター用トレー大型

焼き魚のハードルが下がる

魚焼きグリルでパンも魚も焼いています。網を毎回取り外して洗うのが面倒で、こちらを採用。魚を焼く際に使っていますが、こびりつかず洗いやすい。焼き魚は億劫という方はぜひ。3年ちょっとで買い替えて、現在二代目。

このまま
レンジOK!

岩谷マテリアルのアイラップ

保存も加熱調理もできるマチつきポリ袋

新潟のスーパーで見つけたマチつきポリ袋。レンジや湯煎もOKで、保存容器かつ調理アイテムとしても使える。ざく切りにして水にくぐらせたキャベツをレンジで3分加熱すると蒸し料理が一品完成！湯煎や汁ものを加熱の際は耐熱皿の利用を推奨。

ベトナムで買った両手鍋

炒・煮・揚・蒸とオールマイティ

ベトナムのスーパーで買った、ペラペラでとにかく軽い両手鍋。少量の油で焦げつかず、ほぼ毎日使っています。この形がいいとわかったので、次は軽い深型フライパンを探す予定。直径24cm×高さ6cm。

有次のアルミ段付鍋

具材が入っても重くない軽やかなアルミ鍋

シチュー、カレー、おでんなど、多めに作る料理は鍋本体が重いと大変なことに。そこで有次のアルミ鍋にしたら、たっぷり水や料理が入っても鍋を持ち運びやすくなりました。内寸25cm×高さ11cm。

選び方3ヶ条

- 様々な料理に使える
- 重さが気にならない
- 継ぎ目が少ない

EAT 02

小さな道具は手なじみのいいものを

包丁などのように、手に持って使うツール類は、手にしっくりくるかが重要です。私は手が大きいためどんなアイテムもほぼ不便なく使えていますが、結果的には、日本のメーカーの品を多く選んでいます。

ですから、手の小さい方が海外メーカーの製品を選ぶときは、大きすぎないか、重すぎないかなども気にされるといいでしょう。

もちろん手なじみの良さだけでなく、日本の製品ならではの細やかな心配りも使いやすさにつながっています。雑菌がたまりにくい構造だったり、洗いやすさも考慮されていたりと、使っていくうちに気づく安心感があります。

グローバルのペティーナイフは、刃と柄がすべて金属の一体構造。継ぎ目がないから丸ごと洗えて、熱湯消毒をすることもできます。そして、庖丁工房タダフサの三徳包丁は、とにかく切れ味が抜群です。

研ぎ直しや柄の交換など、アフターメンテナンスも万全だから、どちらも安心してつき合える。

包丁のように一生ものになるかもしれないアイテムは、「長く使える」という視点に立って、購入後のフォローの有無も必ず確認しています。

ちなみに、グローバルは新潟県燕市で、庖丁工房タダフサは新潟県三条市が拠点。「金物と洋食器の街」として名高い燕三条のものづくりは、伊達じゃありません。

包丁

庖丁工房タダフサの包丁

グローバルの
ペティーナイフ

選び方３ヶ条

- 持ちやすいサイズ感
- 素材や構造
- お手入れのしやすさ

もの選びのコツ　なにを選ぶかと、どれだけ持つかが大事。手に余る量は持ちません。

下ごしらえ・調理

EAT 03

シリコンや ナイロン素材は お手入れがラク

無印良品のシリコーン調理スプーン

調理にも盛りつけにも

浅いサーバーとヘラを兼ねる、使いやすい形状。調理と盛りつけをひとつでこなしてくれます。シリコン素材は耐熱温度が高く、鍋やフライパンを傷つけないのもいい。金属や木製ツールから、シリコンに替えました（写真は旧デザイン）。

遠藤商事のトング

金属部分の巻き込みがなく洗うのも安心

以前は業務用の金属製トングを使っていましたが、端が鋭利で洗う際に手を切ってしまい、こちらに買い替え。先端部分はナイロン。もう15年近く使っていますが、黒ということもあってか、傷みが目立たない。調理にトング、いいですよ。

ニトリのシリコーン菜箸

シリコン素材はシックな黒で統一

シリコンは、色によってはポップになりがち。そこで、黒などのシックなダークカラーで統一しています。ニトリの菜箸は299円という安さですが、箸の先に溝があって食品が滑りにくい。24cmサイズが長すぎなくておススメ。

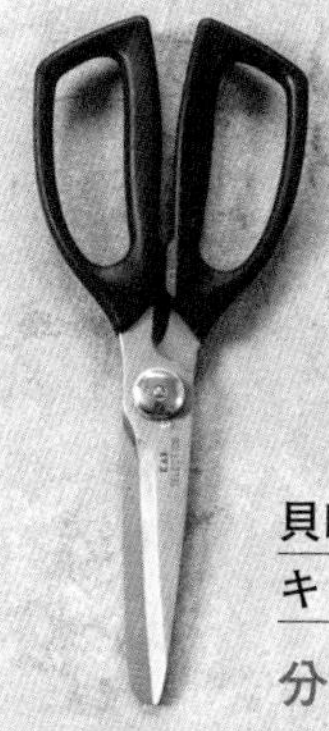

貝印のSELECT100
キッチンバサミ

分解して洗えるのが◎

太い刃と細い刃を組み合わせて、切れ味と丈夫さを兼ね備えたキッチンバサミ。食材も切ることがあるので、かんたんに分解して洗えるこちらを選びました。もちろん食洗機にも対応。何年使っても切れ味が変わりません。

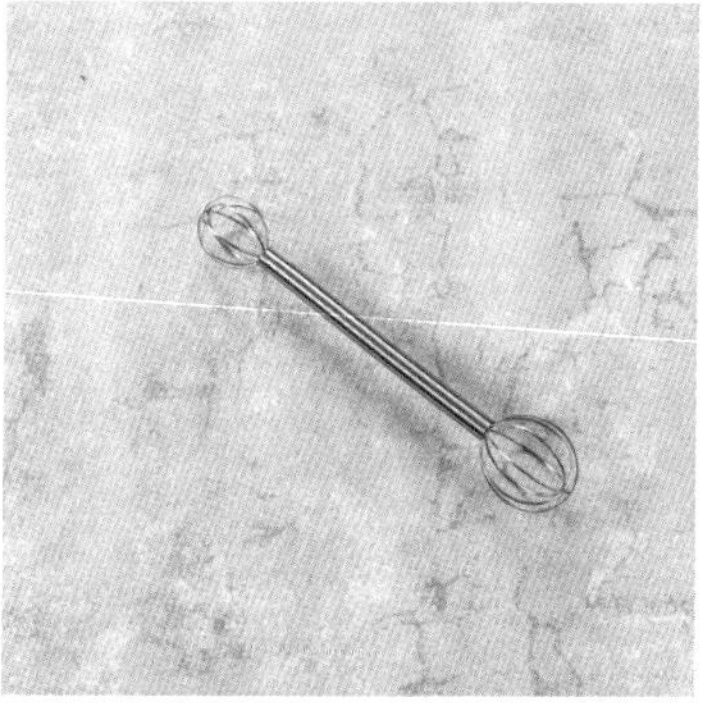

オークスのみそマドラー

悩みは道具で解決する

便利グッズ的な道具は、できるだけ持たないようにしてきました。でも、お味噌汁の味が安定しないのを解決するために購入。お玉の上でかき回すと、かんたんに味噌が溶けます。軸の部分に水が入らない構造も優秀。

貝印のSELECT100せん切り器

千切りがあっという間に

キャロットラペやジャガイモの細切り和え、千切り大根と卵のお味噌汁など、面倒な千切りは道具にお任せ。太さ違いで二つ持っていて、料理によって使い分けています。洗いやすくて、よく考えられた道具です。

業務用の盆ざる

平たくて吊り下げ可

たしか、かっぱ橋道具街で購入した業務用の盆ざる。和食の名店出身の料理人に薦められた道具です。普通のざるも持っていますが、盆ざるは平たくて茹でた野菜を広げるのに最適。冷蔵庫の側面に引っかけて収納しています。

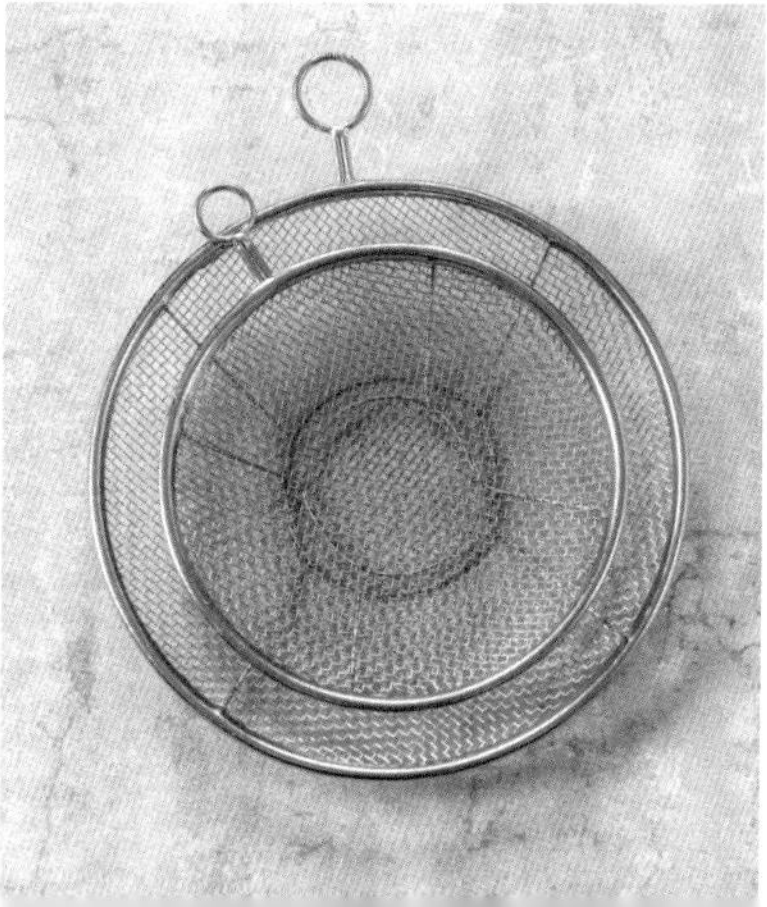

EAT 04

複数持つものはロングセラーの商品を

これだというものに出合っても、サイズや素材がころころ変わったり、すぐに廃盤になってしまうと、同じものを買い足せない。そこで、複数個持つものは、極力ロングセラー品を選んでいます。

また、消耗品であるパーツ類はあらかじめ余分に買っておいて、後から手に入るかも確認しておきます。売りっぱなしのメーカーや代理店はいけません。傷んだパーツを買い替えられないと、結果的に使い捨てになるからです。

次のページで色々ご紹介しますが、保存容器は冷蔵庫内をすっきり整頓してくれることと、使わないときにスタッキングできるかも重要です。側面の立ち上がりが直角だと、重ねられなくて、保管時に場所を取る。一つ二つならばそれでもいいですが、フードコンテナーのように数多く持つものは、ぴったり重ねて収納できるほうが断然良いです。

料理教室でご一緒した方に教えていただいた、長方形のジップロック®コンテナーは、深さ違いで蓋は共通。だから、蓋と本体の組み合わせに、いちいち迷わない。たったそれだけのことなのにこんなにストレスがなくなるのかと感激しました。

しかも、正方形のコンテナーの上に、長方形のコンテナーがふたつ収まるのです。以前よりも食品を買い置く量が増えて、いつも冷蔵庫内がみっちみちなので、整頓にも役立って、かなり便利に使っています。

保存瓶

ルイジ・ボルミオリの
Lock Eat保存瓶
(左1000ml、右2000ml)

もの選びのコツ　迷う理由が値段ならば、買ってよし。それ以外の理由なら買いません。

EAT 05

冷蔵庫がすっきりして重ねられるものを

保存アイテム

野田琺瑯の持ち手付きストッカー

残ったスープやお味噌汁はここ

鍋を兼ねる保存容器。琺瑯なので直火で温め直すことができます。蓋がついていて、冷蔵庫内で上にものを乗せられる。残ったスープやお味噌汁、鍋などを入れるのに便利です。中でお玉を動かしやすい丸型を愛用。

iwakiのパック＆レンジ

そのままレンジにかけられる

本体は耐熱ガラスでにおいがつきにくく、蓋も耐熱温度140℃でレンジOK。温めたら容器ごと食卓に並べられます。ラップを使いたくない人に特におすすめ。グラタンやゼリーづくりにも使っています。食洗機使用可。

旭化成ホームプロダクツの
ジップロック®コンテナー

中が見えて重ねられる

正方形1100mlと、長方形300ml・510mlを使っています。正方形に長方形二つがピッタリ重なる。長方形は容量違いで蓋は共通です。サイズ感が冷蔵庫内の高さや奥行きにちょうどよく、効率のいい収納に役立っています。

何が入っているか
すぐわかる！

もの選びのコツ　普段づかいのものほど、使い勝手と見た目にこだわって。

EAT 06

ささやかだけれど 大切なもの

アジアの琺瑯皿

ボウルより気軽に作業できる

琺瑯沼に、どうやらハマってしまったみたい。完璧じゃないユルさが、料理の義務感を消してくれます。これらは中国、タイ、ベトナムなどのもの。下ごしらえはもちろんうつわとして、そしてキャンプでも大活躍です。

Vaxbo Linのディッシュクロス

酷使してもくたびれないタフさ

スウェーデン生まれの、リネンのディッシュクロス。10年ほど使っているのに、まだまだ現役です。濃いカラーを台ふきんとして使っていて、汚れても落ちやすい。ざくざくした織りで、濡れても乾きが早いです。

あると助かる道具

IKEAのたためる水切り

大きなカゴをこちらに替えて

コンパクトなたためる水切り。くるくる巻いて収納し、使うときだけシンクの上に広げます。水切りカゴを置きたくなくて、食洗機＋少量の洗い物はこれで十分。キッチンが狭いおうちにもおススメします。

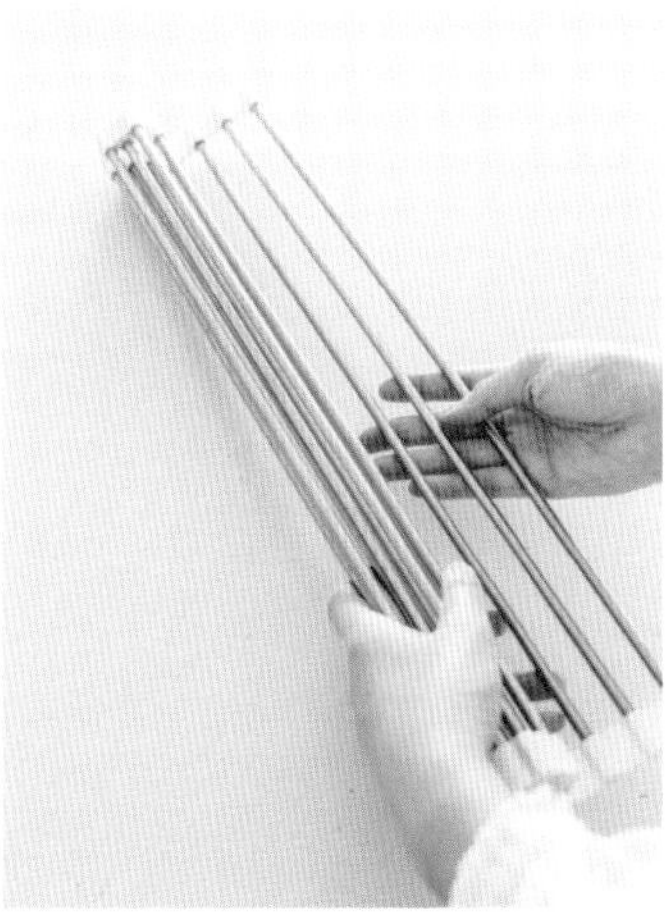

ミドリのダンボールカッター

柑橘類を剥くのにも

文房具が、なぜここにあるかって？　それは、柑橘類の厚い皮を剥くのにものすごく便利だから。セラミックの刃は錆つくこともなく、使い終えたら洗って冷蔵庫にペタっとつけられる。メーカーが推奨する使い方ではないので自己判断でお願いします。

EAT 07

テーブルが華やぐうつわ使い

他のジャンルにおいてはミニマリスト寄りですが、うつわだけは別。日本の作家ものからヨーロッパ、北欧、アジア各国の民芸品まで、一期一会を言い訳に増えていく。時折、食器棚を見て「何人家族⁉」と我に返ることがあります。

　私にとって、ごはん作りの最大のモチベーションがうつわです。仕事も家事もしてさらにごはんを作るのは、しんどいときのほうが多い。だからこそ、やる気のもとになって、シンプルな料理も引き立ててくれるうつわの存在が重要なのです。

　とはいえ、やみくもに増やしてはいなくて、使用頻度の高いかたちと大きさに絞っているつもりです。形状が似ているものは重ねられるから、収納がしやすい。また、どう使えばいいかわかっているので、ある程度は失敗も避けられます。

　うつわ合わせは、無地のうつわをメインにして、そこに色・ガラス・柄ものをいくつか加える。すると、ちぐはぐにならずにまとまります。たとえば、おかずをどさっと盛りつける鉢に色を使ったり、または取り皿で柄を添えてもお洒落です。

　そして、うつわを購入する数は、家族の人数分の「2」か、来客用は「6」のどちらかにしています。

　ただし、アンティークや海外の希少品など、二度と手に入らないものは、予備として1〜2つ多めに手に入れることもある。

　結局、かわいいうつわには、どうにも甘くなってしまう私です。

基本のうつわ

ケーキ皿、取り皿
(直径18cm)

川口江里さん作。美しい白で、料理からおやつまで何を盛りつけても美しい。リムが広く大きさほどは盛れないため、下のケーキ皿と同じくらいの感覚で使っています。

カレー、パスタ、おかず
(直径20cm、高さ4cm)

寺村光輔さん作。昼食や夕食にとにかく汎用性のある形状で、大小持っています。炒め物や煮物を盛りつけて食卓の中央に置いたり、カレーやパスタにも。

ケーキ皿、和菓子
(14.5cm)

川口江里さん作。ケーキや和菓子がぴったりのサイズ感。取り皿として使うには小さめです。取り皿が複数必要なときに、サブ的に使ったりもします。

うつわの選び方3ヶ条

- 朝昼晩いつ使うかイメージ
- 盛りつける料理がいくつも浮かぶ
- 繊細すぎず、しまいやすい形状

おかずをどさっと
(直径22cm×高さ4cm)

大嶺實清さん作。おかずを盛りつけるうつわ。炒め物や煮物はもちろん、このお皿で白身魚を蒸すと、食欲をそそります。少し深さがあるので汁気のある料理にも。

スイーツ、副菜
(18cm×13cm)

林拓児さん作。丸いうつわが並びがちなので、異なるかたちのうつわは大活躍。お茶時間にお菓子を盛りつけたり、ちょっとした副菜にも合います。

副菜
(直径17.5cm×高さ4cm)

口が広く浅めの鉢は、副菜を盛りつけるのにちょうどいい。冬瓜のひき肉あんかけや中華風冷製ナスなど、淡いグリーンが野菜料理をやさしく受けとめます。

トースト、サラダ
(直径20cm)

フィンランド・アラビア窯。飴釉のプレートは、朝の定番。トーストが抜群に映えます。ワンプレートで色々盛りつけたければ、もう少し大きいサイズを。

コロッケ、焼き魚、パスタ、サラダ
(直径21cm)

山田隆太郎さん作。21cm、つまりは7寸皿。マットな質感の黒で、和も洋もエスニックもどんとこい。餃子やトンカツなど、色味のない料理にもいい。

EAT 08

料理が映えるニュアンスカラーと柄のもの

色のうつわ

クリスチャンヌ・ペロションさんの鉢

おうちごはんがよそゆきに

清水の舞台から飛び降りる思いで手に入れた、釉薬の発色が美しいうつわ。余白を大きく取って盛りつけると、なんでもない料理もレストランのような雰囲気に。紫色のうつわは赤や緑の食材と相性◎。直径21.5cm、16.5cm。

frescoのカスミプレート

サラダがさらに
みずみずしく

大阪の吹きガラス工房、fresco。繊細なニュアンスカラーは和食器とも相性がよく、サラダを盛りつけるとみずみずしさが倍増します。「雨晴」「CIBONE」などでも取り扱いがあります。特に夏場は毎日のように使用。直径24cm。

一柳京子さんの小鉢

デザートや果物に
ピッタリ

ピンク色のうつわは、赤や緑の食材に合う。直径10.5cm、高さ4.5cmというサイズ感は、デザートや果物、お浸し、お漬物などなにかと出番が多いです。

もの選びのコツ すべて満遍なく持たなくていい。あえて持たないという選択もアリ。

柄のうつわ

和食器

作家ものから骨董まで
多種多様なうつわたち

右のやちむん（沖縄の焼物）は、力強い柄が食欲を増進。赤や金が華やかな小皿は骨董で、他のうつわと格を合わせて選びました。お魚用の長皿もあると便利。右から18cm、13cm、20cm×13cm。

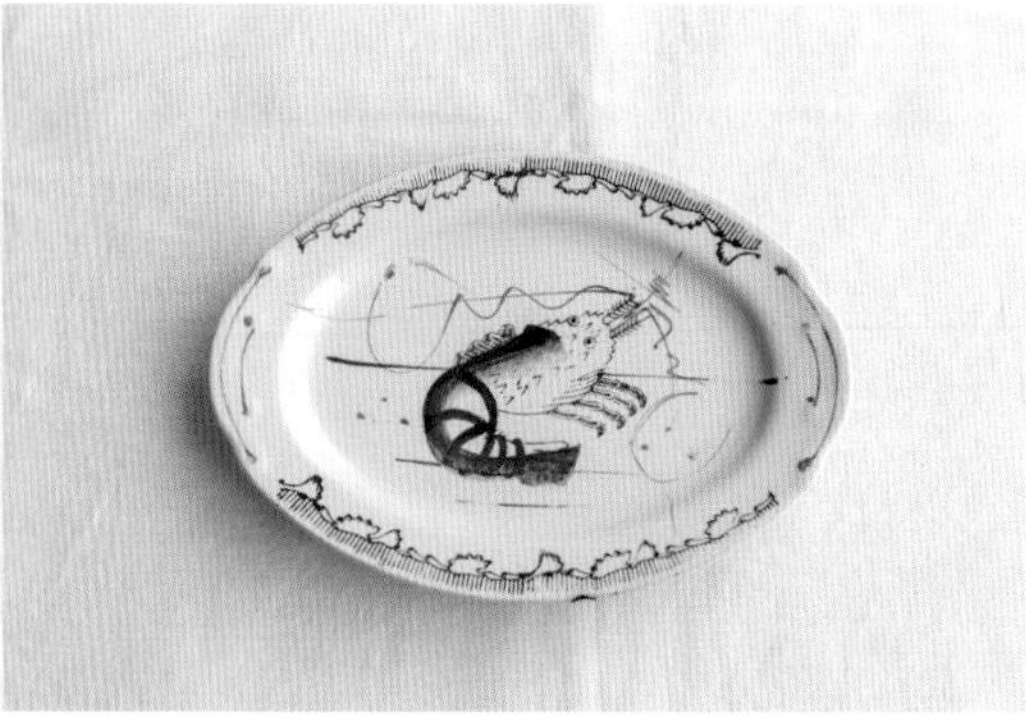

台湾と香港のうつわ

赤で描かれた
“らしい”柄もの

右は縁起のいい海老が描かれている、台湾の40年ほど前の皿。蒸し魚や炒麺を盛っています。中央は香港の手描きの絵皿。左はこれまた台湾ではおなじみの灯籠柄で、冷やし中華にぴったり。右から23×16cm、14cm、21.5cm×深さ4cm。

ウズベキスタンの陶器

異国情緒あふれる柄を取り入れる

青が印象的なウズベキスタン陶器は、単体で使っています。右はリシタン地方の作家もので、中央は伝統的な幾何学柄。左はサマルカンドの露天のアンティーク屋で掘り出した、綿花柄の皿。右から22cm、15cm、15cm。

もの選びのコツ　旅はムードに流されずに選ぶトレーニングに最適。集中力と思いきりで勝負します。

EAT | 09

軽くて丈夫な漆器を普段使いする

漆はなんとなくハードルが高い。かつての私もそう感じていました。それが、新潟の骨董屋で漆のお椀を手に入れて使ったら、軽くて口当たりやわらかく、ラフに扱っても壊れにくい。もしかして、漆は万能なうつわかも。それから少しずつ漆が増えています。

また、金継ぎと漆器の補修を習いはじめて、漆がサスティナブルなものだという認識に変わったのも大きかったです。

漆を幾重にも塗り重ねたつやつやな質感の「漆塗り」よりも、木地の風合いがうっすら透ける「拭き漆」が好き。いつか自分で、拭き漆のお椀やお皿を作ってみたい。将来的には、漆のうつわだけの生活にも憧れています。

漆のうつわ

[魅力 1]

口当たりやわらか

汁椀よりもすこしスリムで、口をつけやすく持ちやすい羽反（はぞれ）型。お汁粉専用になっていますが、あんみつなどにも良さそう。

[魅力 2]

軽くて割れにくい

水道橋の「千鳥」で見つけた、作家ものの漆皿。うつわを重ねる際は傷がつかないように、間に懐紙やペーパーナプキンを挟んでいます。

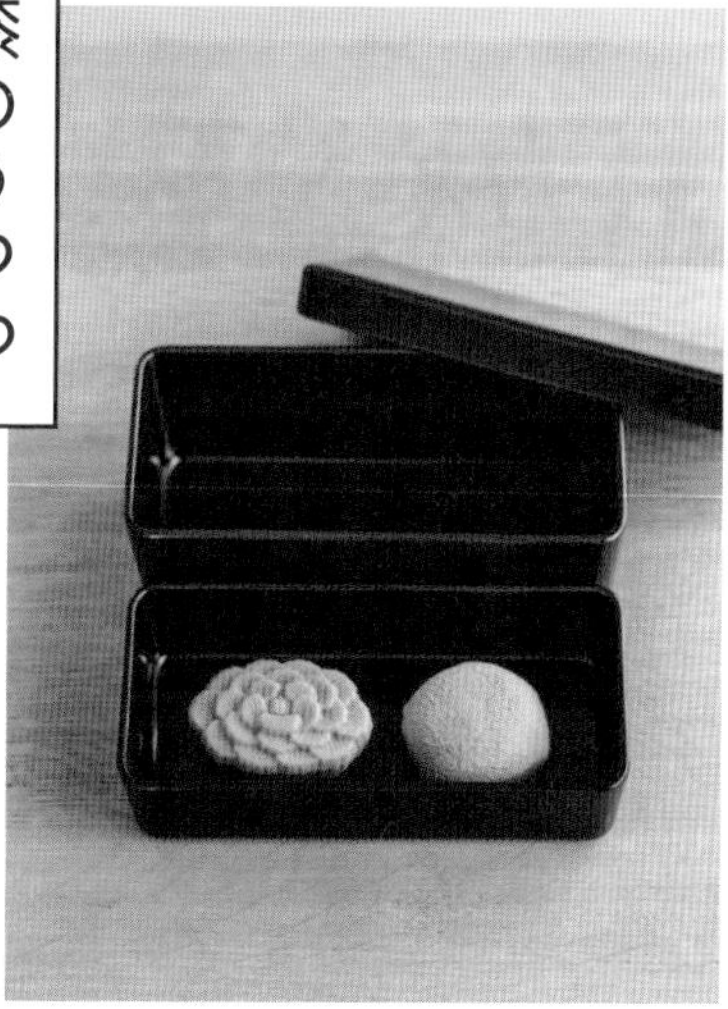

[魅力 3]

おもてなしにも使える

実家より引き継いだ漆のお弁当箱。お弁当を作る習慣がないので、もっぱらお客様に和菓子をお出しする際の入れ物として使っています。

ちょっとした補修は漆マニキュアで

うつわと漆、両方に使える漆のマニキュア。ほんの少量取って欠けに塗り、乾くのを待つだけ。欠けたまま使いたくない方に。

引き出しは上から
覗き込んですぐわかるように

1.使用頻度がそれほど高くない掃除グッズは、引き出し下段に。重曹の残量が見えるように、瓶を逆さまにしています。2.上段の浅い引き出しにはカトラリーを。使うシーンや素材ごとに分けています。3.ボウルやざる、まな板や包丁など、下ごしらえに使う道具類を一か所にまとめて。まな板は引き出しに入るサイズに買い替えました。4.道具類の下の段はその他のコーナー。使用頻度の低いものや瓶、消耗品のストック、ごみ袋も入れています。

3

4

あえて瓶を
逆さに

1

2

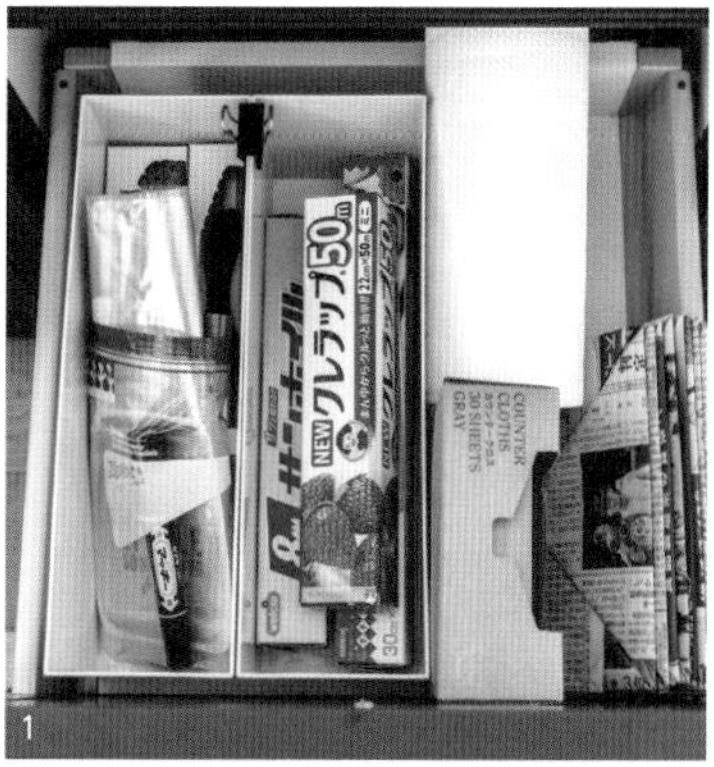

ファイルボックスや
ケーキ型でゆるやかに仕切る

市販の収納グッズはもちろん、手持ちのものを活用しても。1.無印良品のファイルボックスは引き出し収納の最適解。ジップ袋やラップを入れています。2.すぐ取りたいレジ袋はトートバッグに。シンク下のドアの取っ手にかけています。3.スパイスを置いているのはケーキ型。4.コンロ左下の深い引き出しには液体調味料とトレイを。液だれ防止で琺瑯のバットに置いています。5.エスニック食材はコンテナにまとめて、キッチンクロスで隠しています。

＼お客さま用／

火のまわりで使う道具はコンロの近くに

1.クーザンスの鍋と玉川堂のやかんは重ねて収納。2.コンロ右側の引き出しに一軍の鍋とフライパンを入れています。重ねる数を5つまでにすると取り出しやすい。3.コンロ右側上段の引き出しは、来客用のうつわコーナー。使うものが揃っているから、スマートにお茶を入れることができます。4.コンロの横にツールを素材別に立てておく。油ハネのリスクはありますが、すぐ手に取れて効率がいい。味見用のスプーンもここに置いています。

1 ごはんの準備がはかどるもの

1

2

3

多忙なとき用の備えが助けてくれる

1.食洗機にいちばん近い引き出しには、食洗機で洗える「多忙なとき用のうつわ」一式をまとめて。“洗いあがる→しまう”の動線を最短にしています。2.一軍の鍋類の下には、二軍の鍋類とお菓子づくりの材料を。使用頻度はもちろん、重いものも下段が定位置です。3.シンクとコンロ、冷蔵庫のゴールデンゾーンから最も遠い下段の引き出しはローリングストック食材のコーナー。宅配やネット通販などで定期的に買い足しています。

COLUMN

1

おいしい定番品

ITEM 1

鹿港《ルーガン》の肉まん

日本のおいしいものを、応援したい。選択肢がふんだんにある中で、味や品質はもちろんのこと、未来のために尽力する生産者や誠実な作り手をサポートしたいと思っています。

10年ほど通っている東京・世田谷区の「鹿港」は、台湾で修業したオーナーによる肉まん専門店。もちろん添加物はなし。取材を通して淡々と真面目にやる姿勢に心打たれ、今後もずっと買い続けようと決めました。

食べものは信頼がなにより大事。だから、手間を惜しまなかったり、ポリシーがあるなど、結局は向こう側に見える「人」次第なのかも。

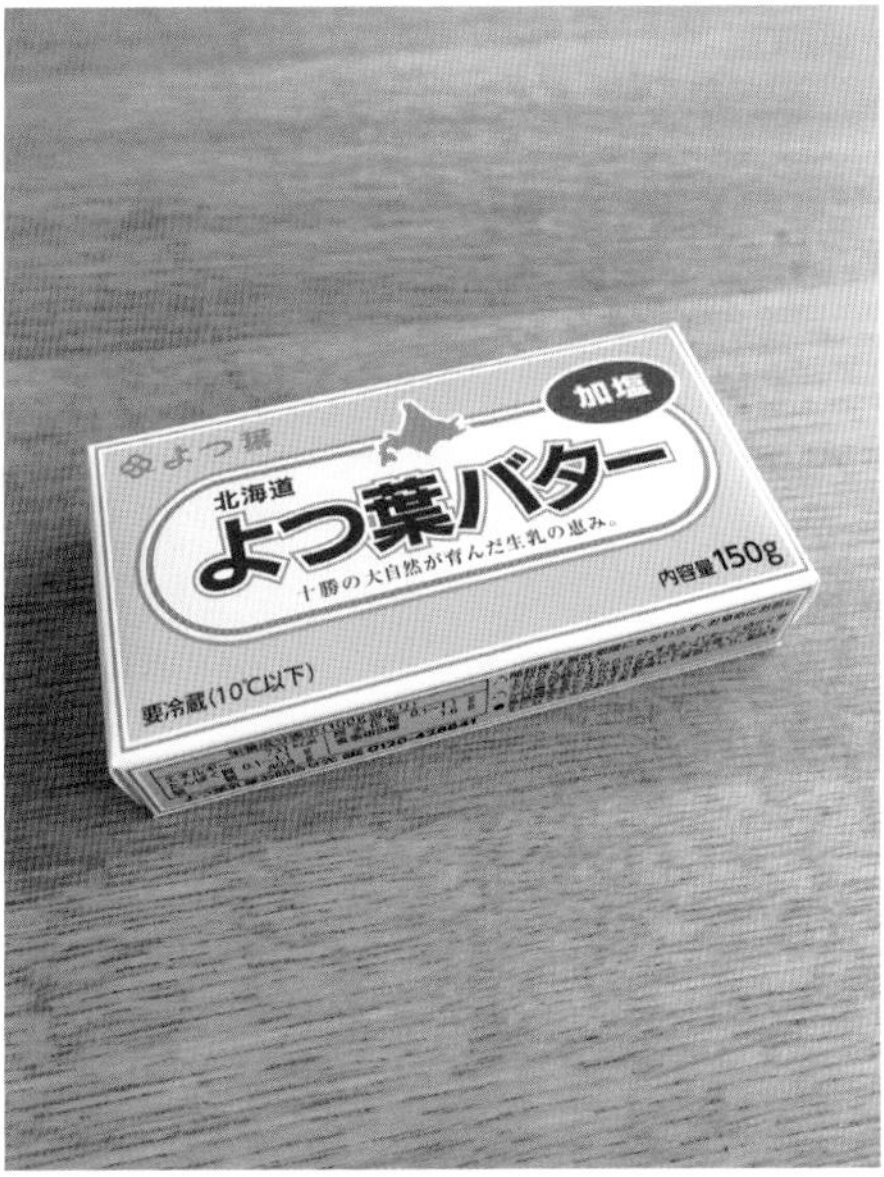

ITEM 2

よつ葉バター(加塩)

定番のコクのある おいしさ

「北海道のおいしさを、まっすぐ。」というコンセプトで、北海道産の生乳、乳原料にこだわった商品をつくっているよつ葉乳業。加塩バターはクリーミーで、塩加減もちょうどいい。

ITEM 3

まつだい 棚田バンク米

生産サポートで 日本の棚田を守る

クラウドファンディングの「棚田バンク」制度で新潟の棚田米の生産サポートをしています。風光明媚な棚田の環境と生産者を守る活動で、田植えや草取り、稲刈りなどのイベントにも参加できます。「買う」だけでなく、「作る」をもっと知りたい。

ITEM 4

ケンシヨーの減塩トマトケチャップ

トマトの味がしっかり濃い有機のケチャップ

イタリアの有機トマトと高知の契約農家産野菜でつくられたトマトケチャップ。トマトの自然な甘みが濃く、減塩かつ添加物不使用。はじめて、何にでもかけたくなるくらい、おいしいトマトケチャップに出合えました。

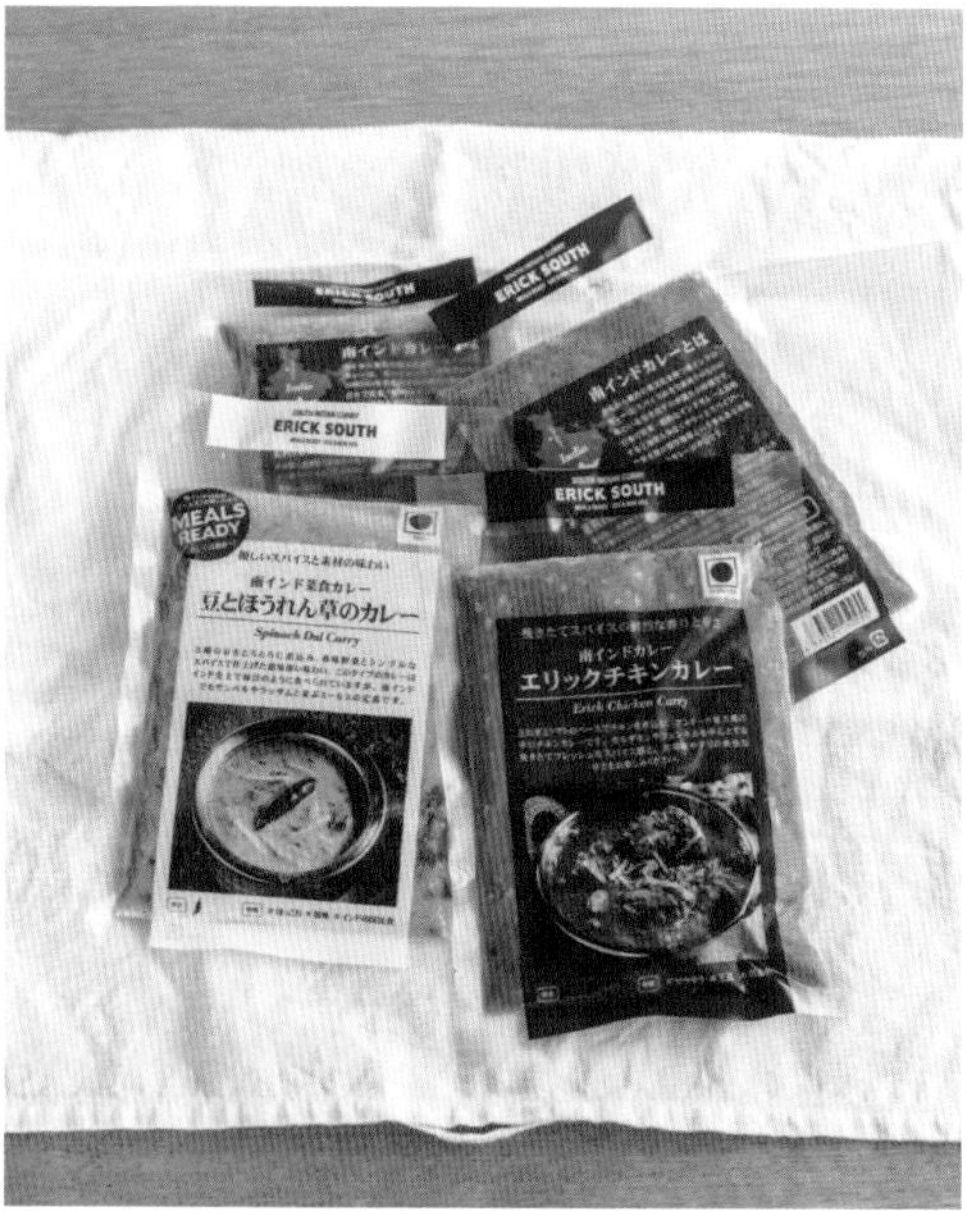

ITEM 5

エリックサウスの冷凍カレー

やる気が出ない日の安心と週末のご褒美に

南インドカレーの有名店のカレーをまとめて注文して、常備しています。疲れてごはんをつくりたくない日こそ、お店の味で自分を労いたい。スパイスが香るチキンカレーとキーマカレー、季節のフィッシュカレーはマストです。

2

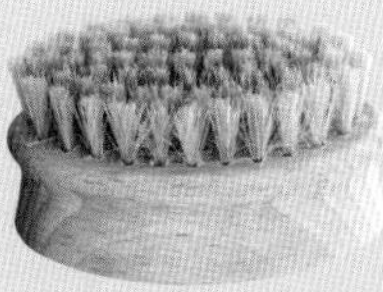

めんどくさくない
掃除・洗濯

CREAN 01

〝キレイにする〟は環境にもやさしいものを

掃除や洗濯など、〝キレイにする〟ジャンルのものは、とりわけ環境に配慮した製品を選んでいます。「自分さえ良ければいい」ではなく、まわりの人や自然環境まで、皆にとって心地よくあってほしい。だから、大人になった今こそ、積極的にサスティナブルな商品を買い支えていこうと考えています。

それは約15年前に雑誌「天然生活」の取材で、ドイツのオーガニック洗剤メーカー「ソネット」のドイツ本社を訪れたことがきっかけとなっています。

信念を持ってエコプロダクトの開発に関わる方々のお話を聞いて、「人と自然にやさしい暮らし」に大いに共感しました。

もちろん、現代の都市生活が、矛盾に満ちたものだということは、重々承知しています。だからこそバランスを取りつつ、手の届く範囲で気を配りたい。

実際の行動としては、①洗剤や石鹸をはじめ、できるだけ自然派の製品をチョイスする ②道具類は長く使い続けられるものを選ぶ などでしょうか。

それもあってか、私が愛用しているものは、ドイツや北欧発のブランドが多め。襟元やシミなど、気になる汚れをこすって落とすフレディレックのランドリーブラシもドイツのベルリン生まれです。

どれも長らく使っている、優秀な製品ばかり。すこやかに〝キレイにする〟気持ちよさを、ぜひ感じていただきたいです。

ブラシ

フレディ レックの
ランドリーブラシ

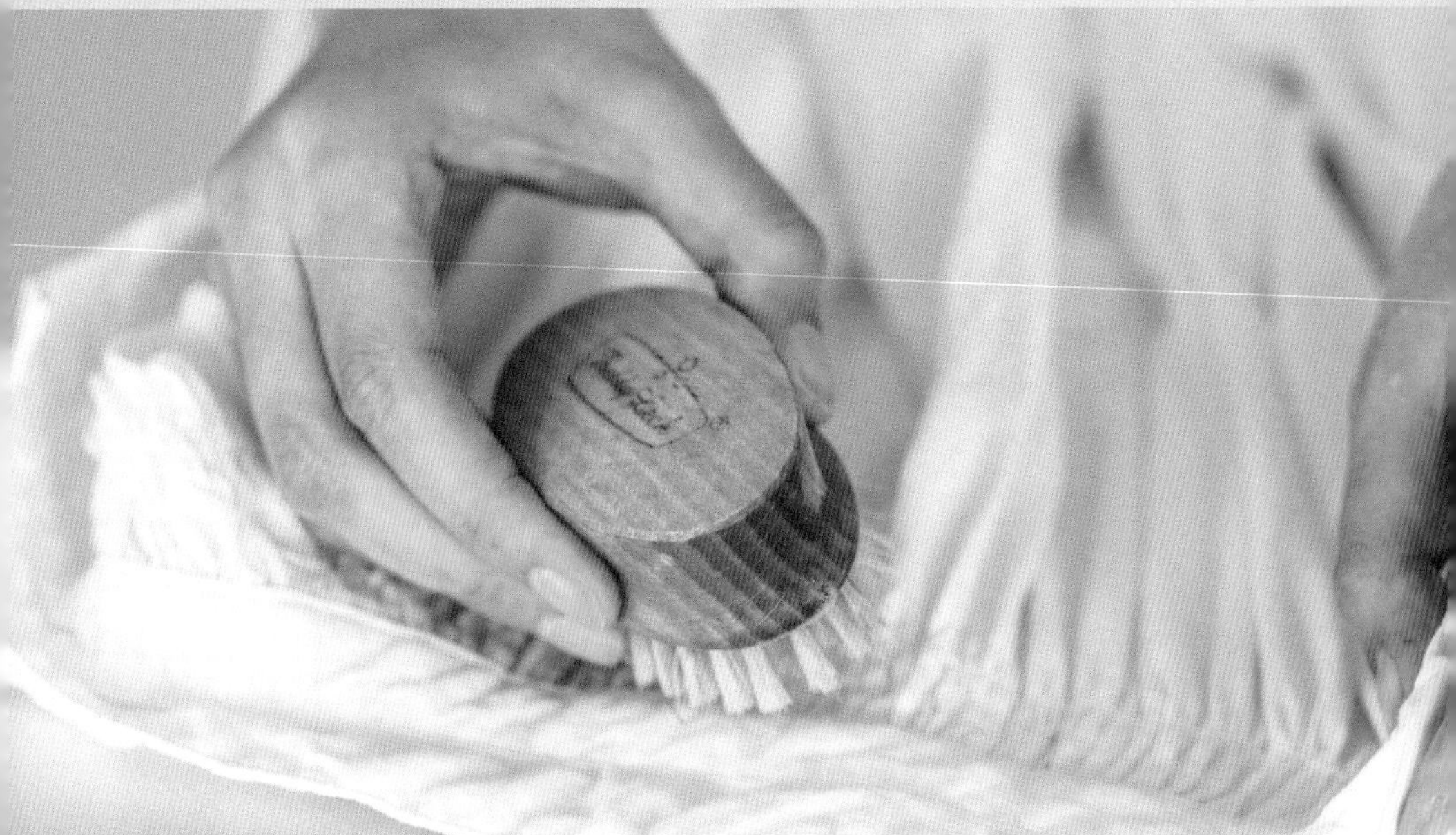

CREAN 02

毎日の家事を
スムーズにする
アイテムを

洗濯グッズ

ロレッツの
ドライニングスタンド

部屋干し派の強い味方

くるくる逃げていくピンチハンガーが苦手で、断然スタンド派。スウェーデンの製品です。高さ83センチで、ベランダに置いても外から見えにくい。たたむとスリムになるので、チェストと壁の間に置いています。

[TIPS-2]

タオルはまとめて取り込む

きちんと半分に折って干せば、あとでたたむ回数が一回減る。乾いたらまとめて洗面所に持っていき、そこでたたんでいます。

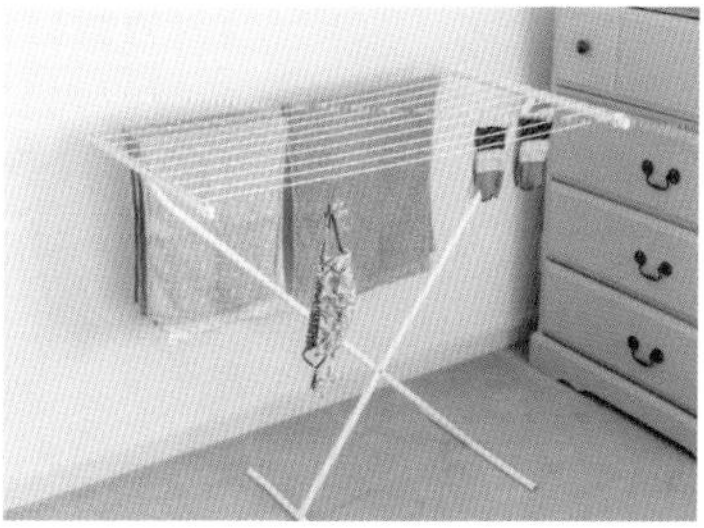

[TIPS-1]

ゾーンで干すものを分ける

手前は下着や靴下で、奥はタオル。アイテムや家族ごとにゆるやかにゾーンを分けて干すと、しまうときに分ける手間が省けます。

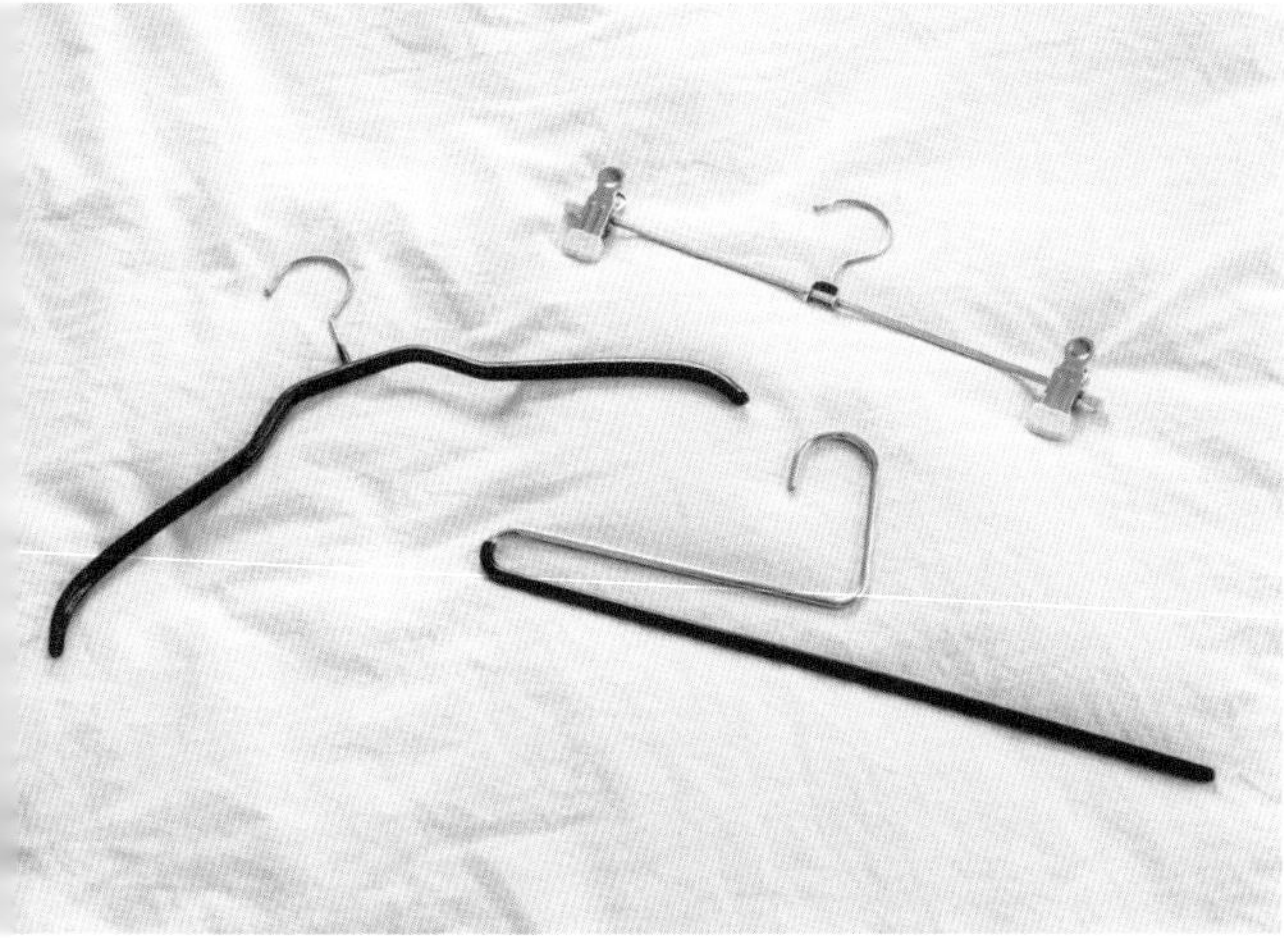

マワハンガー

干したものを
そのまま
クローゼットへ

ハンガーを揃えるだけでクローゼットが整然と。ドイツ生まれのマワハンガーは服がすべり落ちず、女性用サイズもあり。服をかける向きに気をつけて干して、乾いたらそのままクローゼットへ直行です。

POINT

クローゼット横につけた室内物干し

物干しとクローゼットが近く、「干す」と「しまう」がスムーズに。服に囲まれて寝たくないので、洗濯するタイミングは重要です。

もの選びのコツ 洗濯まわりは、極力清潔感のある“白”で統一しています。

お助けアイテム

CREAN 03

キレイにするって気持ちいい

グランジャーズのダウン用洗剤

家でダウンが洗える喜び

パタゴニアでおススメされた、ホームクリーニング用洗剤。ダウンジャケットもシュラフ(寝袋)も、全部自宅で洗えます。私はいつも、手洗いか洗濯機で。洗うと膨らみが復活して、ふんわりしますよ(写真は旧パッケージ)。

119シリーズのお試しセット

出しておきたくなるシャープなデザイン

かっこいいデザインのボトルは、カビ、水垢、油汚れを落とせる洗剤。お試しサイズ(各40ml)が3本セットになっています。ジェル状だから汚れをしっかりホールド。レスキュー的に持っていたい洗剤です。

ドクターベックマンの色移り防止シート

洗濯機に入れるだけの手軽さ

全面的に信頼しているドクターベックマンも、同じくドイツのメーカー。複数の商品を愛用しています。色ものと白い服を一緒に洗う際に、不織布のようなこの色移り防止シートを入れると、洗濯後シートはグレーに。

フレディ レックのランドリーバスケット

白と色ものを分けておく

洗濯かごは二つ置いていて、白と色もので分けています。このバスケットはクローゼットや棚にもぴったりの奥行きで、部屋のあちこちで使える。また、キャンプやドライブ旅にも大活躍です。

もの選びのコツ 〉選んだ理由を言語化する習慣をつけると、選ぶ力が養われます。

CREAN 04

もの選びで掃除のおっくうさは軽減できる

掃除洗濯は嫌いじゃないし、むしろ得意なほうだと思います。それでも、できることなら極力やらずにいたい。

　だから、自分のやる気には全く期待していなくて、使いやすくて素敵なデザインの道具を取り入れることで、ポジティブなイメージに変えています。

　ものの力に頼って、気が進まない要因を徹底的に排除するのは、とても効果的。「面倒、イヤ」を「そんなに悪くないかも」まで持っていけたら上出来です。

　わが家の10年物の掃除機は、フローリングワイパーの代わりに導入したものです。髪の毛がいちばん落ちる洗面所に出しっぱなしにしているから、すぐに吸えます。そして、紙パック不要のタイプを選んだので、交換の手間もランニングコストもかかりません。吸引力やバッテリーの持ちもほぼ変わらず、コストパフォーマンスが良すぎて心配になるほどです。

　出しておける掃除道具は、取り出す手間がいらないから、さっと取りかかれます。気づいたときにすぐに掃除しておけば、汚れがたまらず大事にならない。作業のついでにちょっとやっておくだけで、効果てきめんです。

　自分のやる気に期待することはやめて、楽しく使える道具類に頼ってみませんか。

掃除機

掃除機選びの3ヶ条

- 軽くて取り回しやすい
- 吸引力あり＆バッテリーが持つ
- 紙パック不要

マキタの
充電式クリーナー

CREAN 05

あちこちで使えると掃除のハードルが下がる

MQデュオテックスのダブルクロス

水だけで汚れが落ちる

一枚で様々なマテリアルを掃除できるクロス。ニット面は油汚れと水垢に。テックス面は金属や窓に。キッチンは特に洗剤を使わずに掃除したい場所なので、コンロまわりから水栓まで、これが一枚あると心強いです。

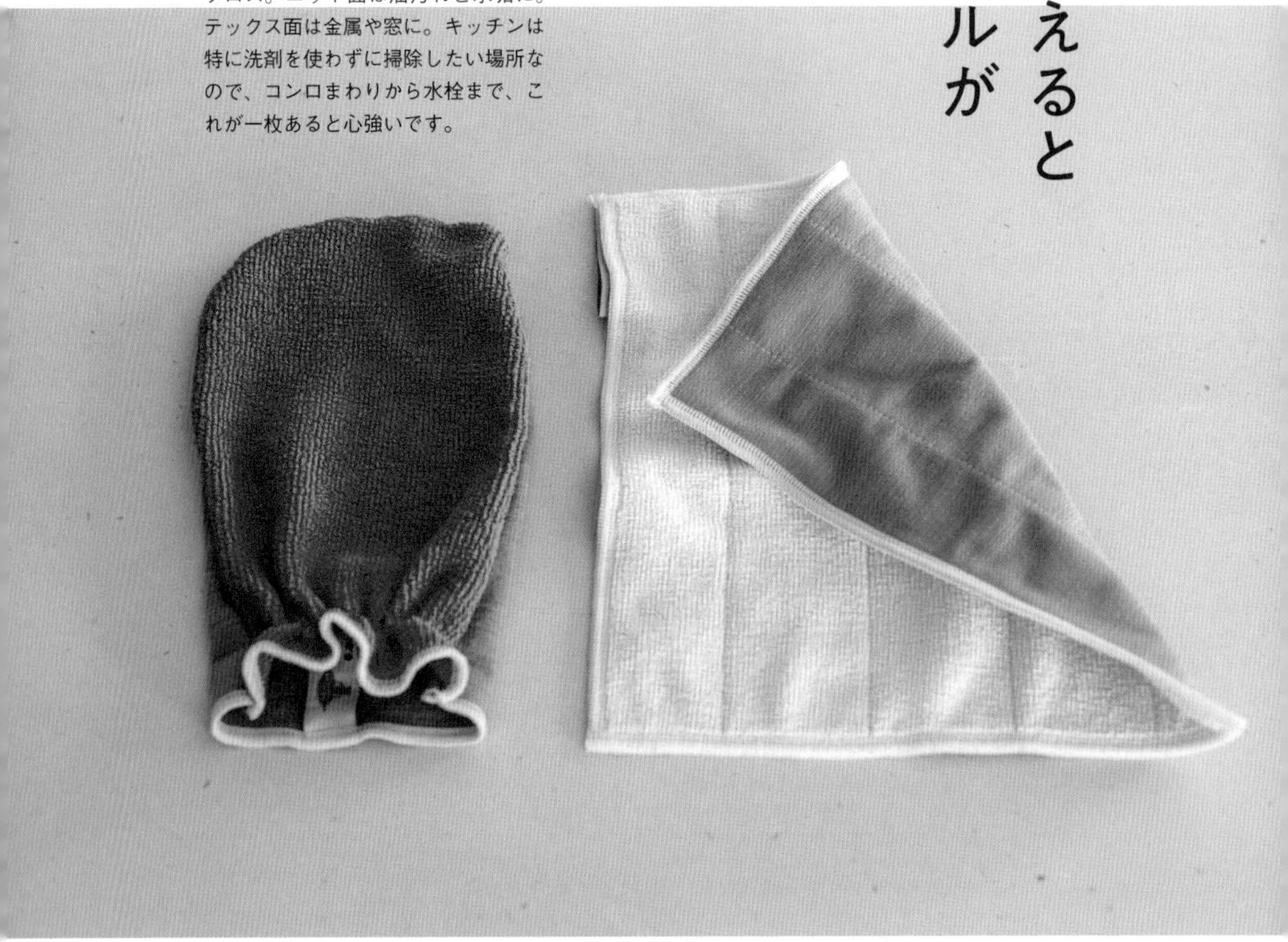

POINT

使わなくなった服などはウェスに

ウェスとは雑巾のこと。着古したTシャツや薄汚れたタオルは、そのまま捨てずに葉書大に切り、使い捨て雑巾にします。使って汚れた雑巾をそのまま捨てられるって、とっても気がラク。掃除嫌いの人にも試してほしい。

クロス、洗剤

＼ 床掃除も ／

＼ 水まわりも ／

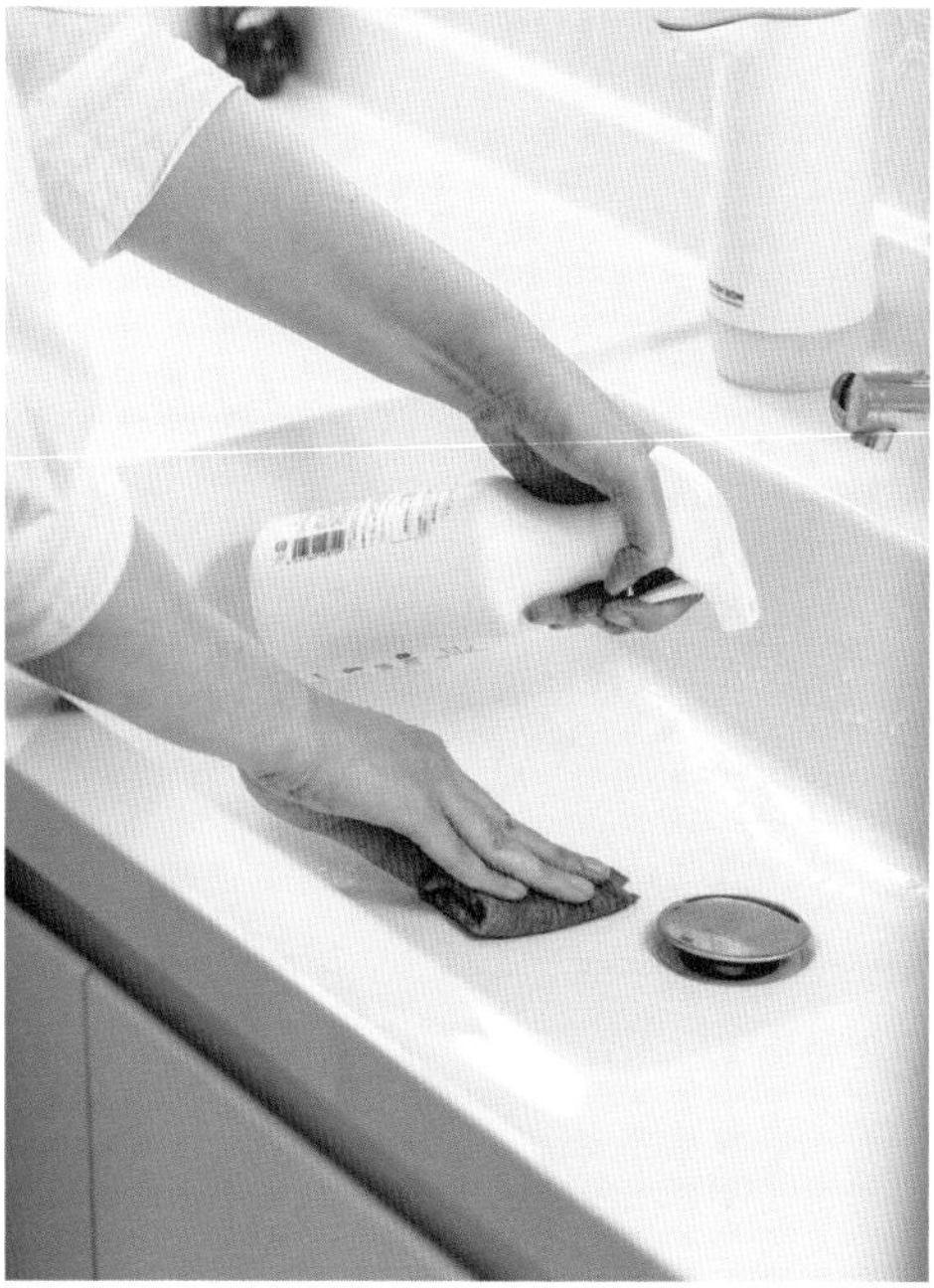

a dayの
オールパーパス
クリーナー

使用範囲が広く
数種類を
兼ねる一本

植物由来100％（洗剤成分）。水拭きや二度拭きいらずの、住まい用オールパーパスクリーナー。軽い汚れはだいたい落ち、LDKや水まわりなどはこれ一本におまかせです。洗剤の数が減って、洗面台下の収納もすっきり。

もの選びのコツ 季節ごとのアイテムを多く持たないようにすると、家がすっきり。

CREAN 06

消耗品も妥協せずに選びぬく

スコッチ・ブライトの浴室用スポンジ

吊るして保管できる

角が丸くなっていて、浴槽のカーブにも絶妙にフィット。研磨粒子が入っていないので、傷をつける心配もありません。握りやすくて泡立ちよく、ヘタりにくい。バーに吊るして保管できるのも嬉しい。

ダイソーのくるっとキャッチ

髪の毛が勝手にまとまる

浴室の排水口用ごみ受け。水流がトルネード状になることで、髪の毛が中央に集まって掃除がしやすくなります。ちょっと洗いにくい点はお値段相応かも(それでも星4.5)。

ソネットの食器用洗剤

ドイツ生まれの
オーガニック洗剤

洗剤は、色々使っても必ずこれに戻ってくる。洗剤の質はもちろんのこと、ボトルの入れ替えはしない派（面倒くさがり）のため、生活感の薄いパッケージデザインも手に取る際のポイントに。

ダスキンの
台所用スポンジ

泡立ちも泡切れも
◎な抗菌スポンジ

かたっぱしから試して、ダスキンにたどり着きました。使い始めはちょっとかためですが、じきに手になじむように。洗剤をしっかりキープするから、いい洗剤を使っている方にもおすすめ。

無印良品の柄つき
スポンジ フレーム部＋
メラミンスポンジ

細長い水筒の
奥まで届く

元々ついているスポンジを取り外せる仕様で、小さいメラミンスポンジに交換。ヘッド部分が小さくなって、口が細い水筒や花瓶にも入れやすくなりました。洗いながら茶渋も取れて、一石二鳥です。

CREAN 07

あるとないとでは大違い

＋αのアイテム

レデッカーの
ほうきとちりとり

毎日キレイな
玄関のために

ガレージ用のほうきを持ってくるのが面倒で、玄関掃除がおろそかに。そこで、玄関用を別に用意しました。狭い玄関で出しっぱなしにできるように、ルックス重視で。朝、家族を送り出したついでに、さっと掃いています。

ドクターベックマンの
カーペット用洗剤

ブラシと一体型で
すぐ使える

あっ！　と思ったときには時すでに遅し。ダイニングテーブル下のカーペットにシミができてしまいました。そんなときのレスキューアイテムがこちら。トマトソースからコーヒーまで、いつも助けてもらっています（写真は旧パッケージです）。

POINT

持ちすぎないけど
適度に備える

掃除道具は、揃えはじめるとキリがない。だから、生活しながら自分に必要なものをリストアップ。たとえば、ほうきはそれぞれの場所にあると便利だから、あえて複数持ちする。洗剤も家族構成や住環境によって、必要なものが異なります。もの選びの基準はいつも「自分に必要か」「自分はどう使うか」です。

収納

よく使うものは しまいこまない

記憶力がないから、階層の深い収納がとても苦手です。そのため自然と、どこに何があるか一目瞭然の収納に。家族も情報を共有しやすく、必要なものを各自が取れるようになりました。
1. 洗濯機の手前側にマグネットフックをつけてトートバッグを吊るし、中に洗濯ネットを。2. 洗濯干しピンチはかごに入れて棚に置く。3. 玄関のほうきもすぐ手に取れる。4. 洗濯用洗剤一式は洗濯機の下に床置き。液だれ対策で琺瑯のバットに入れています。

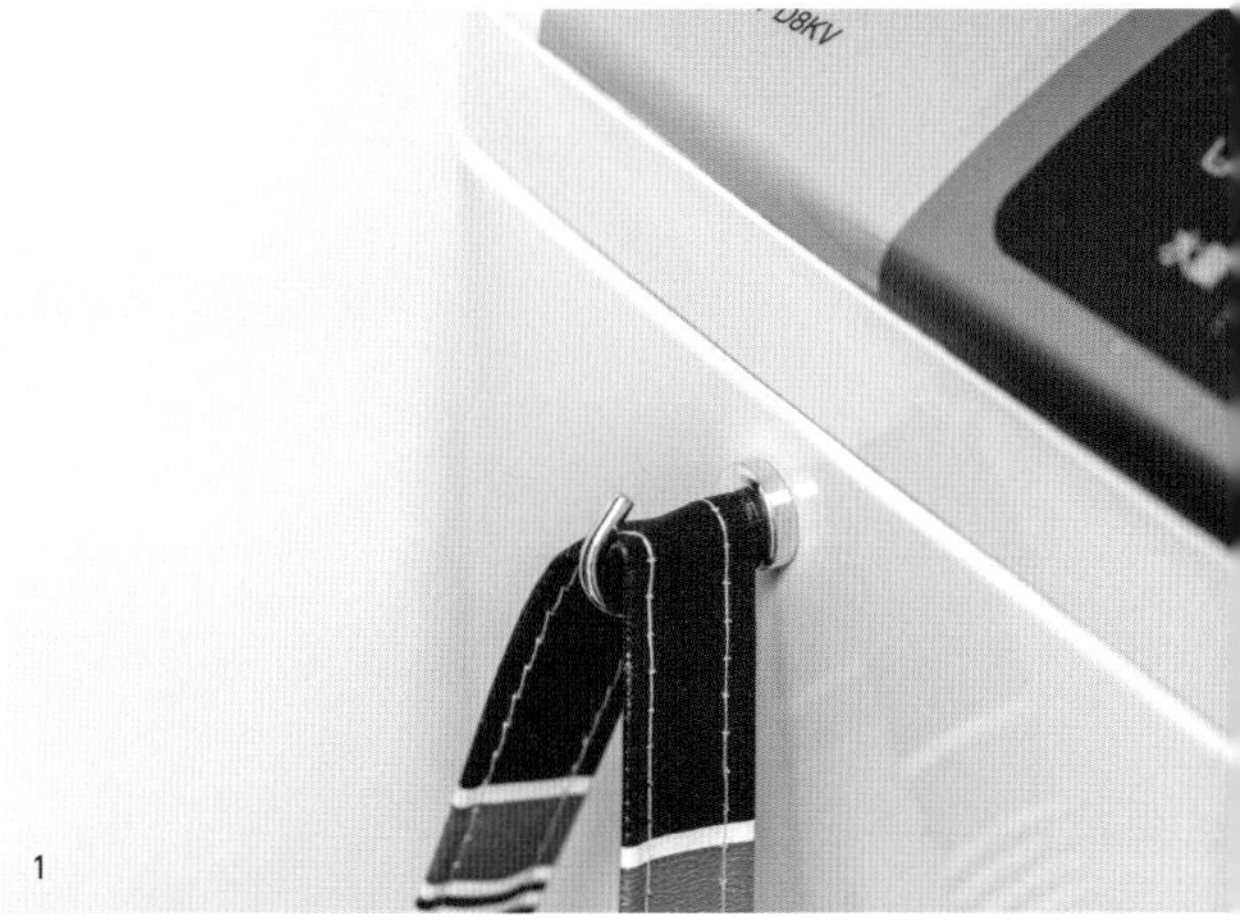

1

3

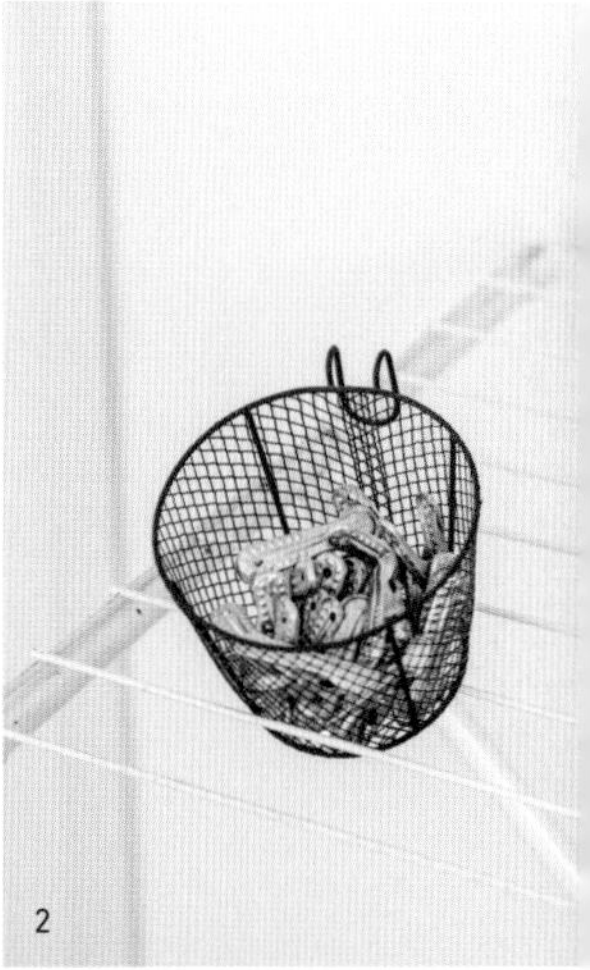

2

4

グループ分けして
ひとまとめに

洗面所のシンク下収納で重要なのは、何がどれだけあるか把握できること。グループ分けしてそれぞれまとめておくと、使いたいものが探せなかったり、ダブり買いも防げます。1.こまごました掃除道具はバケツに。丸ごと持ち運べて使いやすい。2.洗剤とボディ＆ヘアケアは、混ざらないように二つに分けて置いてあります。

2

1

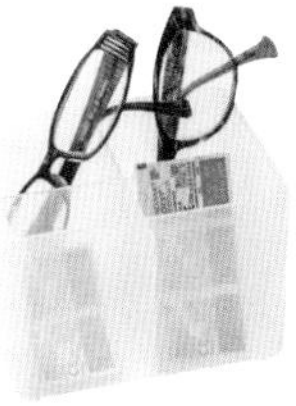

OTHER

引き出し収納は
ケース類を活用

コスメ類は無印良品のキャリーボックス、コンタクト＆メガネは100均のケースに入れています。こまごましたアイテムは、ケースを使って上手に分類。

COLUMN

2

暮らしのお助けアイテム

ITEM 1

袋を閉じるシーラー

必需品ではないかもだけど、何かと登場回数が多い消耗品。こういったお助けアイテムこそ、気の利いたものがあると心強い。その商品がなくなると困るので、浮気せずにリピートし続けています。

台湾で見つけたシーラーは、袋の口を留める道具。袋の口を折ってシーラーを差し込むと、密閉とまでは言わないまでも、そこそこしっかり留められます。日本でも100円ショップで手に入ります。

ほかにもジップ袋や付箋、衛生用品など、生活感の出やすい分野ほど、〝ちょっといいね〟と思えるものを、徹底的に探しています。

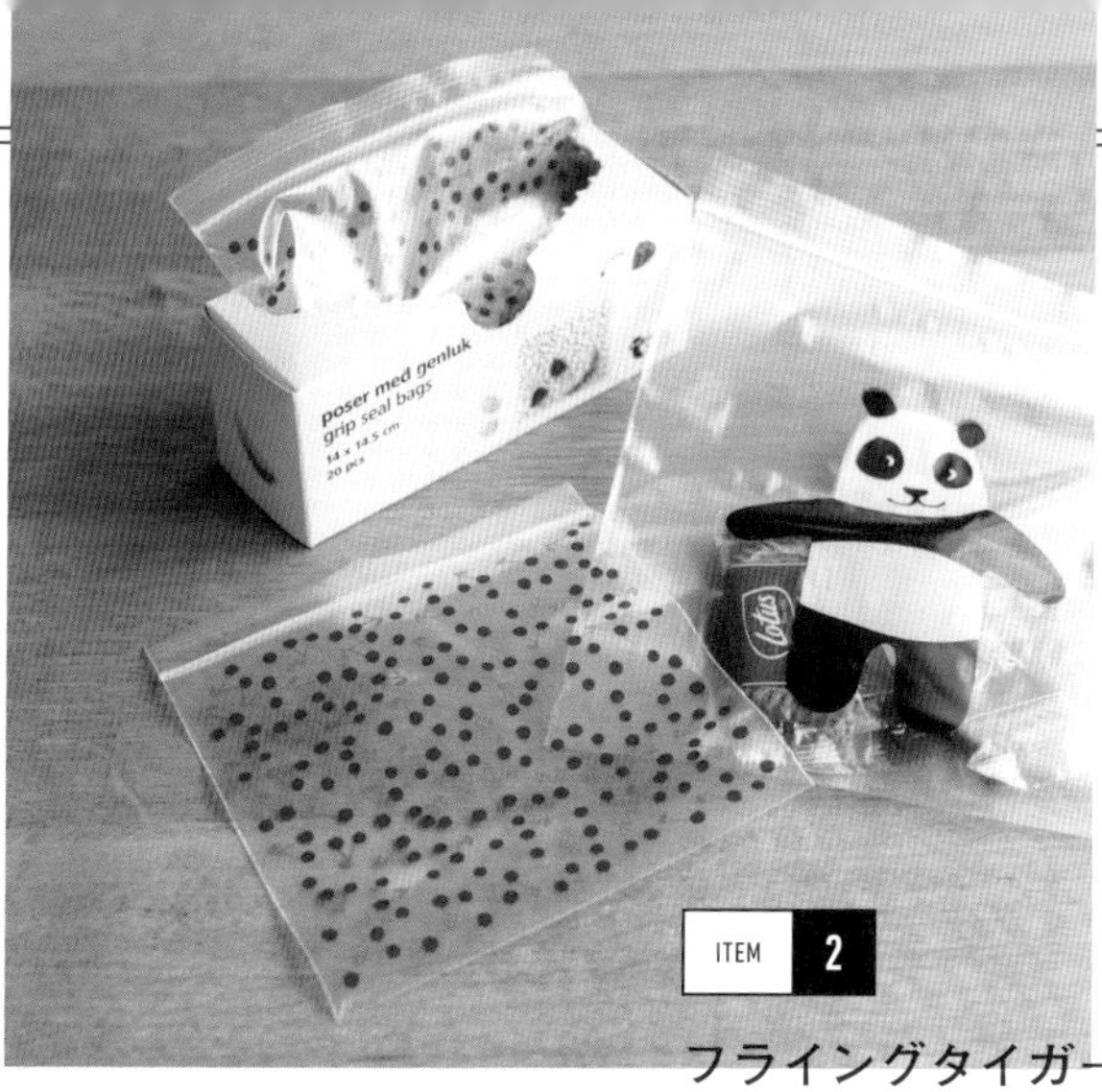

ITEM 2

フライングタイガーのジップ袋

おすそ分けや分類に重宝

かわいいジップ袋といえばイケアが定番ですが、フライングタイガーも負けてない。小さめサイズが充実していて、おすそ分けや収納などに使っています。フライングタイガーはセンスがよくてプチプラ。掘り出し物も多数あり。

ITEM 3

ダイソーの付箋とメモふせん

100円だから気兼ねなく使える

仕事柄、付箋の使用頻度が高く、偏愛しています。台湾で3Mの付箋をよく買いますが（日本にない色展開）、ダイソーも負けていません。紙質や粘着力はやや劣るものの、コスパの良さは圧倒的。惜しみなく使えます。

ITEM 4

サラヤのウォッシュボンとオートソープディスペンサー

自動で泡が出る手洗い生活の必需品

以前から愛用していたハーブが香る薬用ハンドソープ。コロナ生活中にオートソープディスペンサーも手に入れました。使ってみたら本当に便利。USBで充電して、手をかざすと自動で泡が出ます。

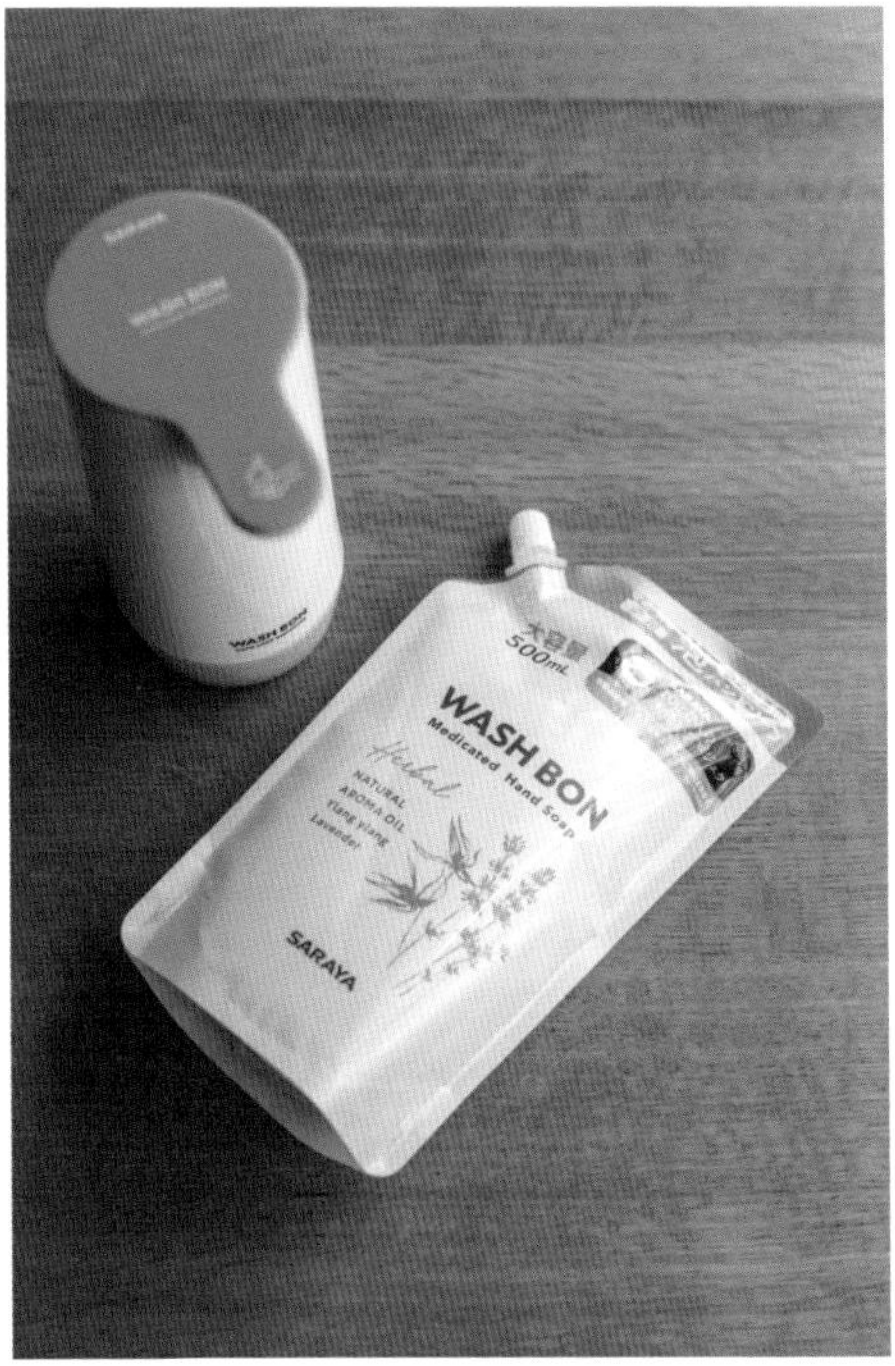

ITEM 5

ザ・プロダクトのドライシャンプー

頭皮の汗と手の消毒にも

自然由来の原料100%のドライシャンプー。夏場などにスプレーしてリフレッシュする商品ですが、手指の消毒にも使えます。汗が気になるお年頃なので、爽やかなミントの香りに何かと助けられています。

3

くつろぎ時間を
つくるもの

RELAX 01

体験を通じて心の豊かさを得る

どれだけ快適な空間でも、時に息苦しく感じるのはなぜでしょう。家ごもり期間中も、部屋に〝みずみずしさがほしい〟と切実に感じました。

そこで、もともと毎日飾っていたお花を、よりスマートに習慣化するために、サブスクリプションサービスに入りました。

サブスクは様々な種類があって、月数回お店に出向いて、お花を自分で選ぶコースにしました。フラワーアレンジメントにも興味があったため、まずはお花に触れる機会を増やしたのです。

お店の方と相談しながらお花を選び、今まで手に取らなかった花材にもチャレンジ。お手入れ方法も教えていただいて、毎日茎を切って生け直しています。

少し前までは生けるのが下手で、一種類をばさっと花瓶に放り込むのがせいぜいでした。でも今は、下手ながらに組み合わせを考えて、最適な花瓶を選び、アレンジメントを楽しんでいます。ちなみに花瓶は白い陶器とガラスに絞って、高さ8センチ〜16センチのものを口径違いでいくつか持っています。

体験を通じて心の豊かさを得る。とても有意義なお金の使い方だと感じています。このような〝なくても暮らしていけるけど、心を満たしてくれるもの〟に、もっと目を向けていきたいです。

お花のサブスク、
「ハナノヒ」

切り花

＼ 使っている花瓶 ／

エフスタイルで
出合った花鋏

優れた日用品を扱う「エフスタイル」で、新潟「坂源」の花鋏を手に入れました。美しいフォルムで、そんなに力を入れなくても抜群の切れ味。この花鋏を使うようになってから、お花の持ちが良くなりました。

コーヒーの道具

ラッセルホブスのカフェケトル

忙しい朝の必需品

慌ただしい朝に火を使いたくなくて、電気ケトルを導入。すぐにお湯が沸いて、毎日大活躍です。美しい注ぎ口は、コーヒーとお茶両方に使える形状。ただし本体が熱くなるので、お子さんがいるなら置き場所に注意。

ステルトンのウォーターフィルタージャグ

ブリタのカートリッジ対応が◎

同メーカーの魔法瓶と二つ並べている浄水ポットは、ブリタのカートリッジが使えて経済的。構造がシンプルで手を入れて洗えるため、清潔に保てます。直径11.5センチなので、冷蔵庫内に入るか要確認。

ポーレックスのコーヒーミル

コンパクトかつ使いやすい

ロースターの友人に教えてもらったコーヒーミル。長く使う道具は、最初からいいものをひとつだけ手に入れます。粗さの調整と、分解洗浄も可能。革のホルダーは夫がいそいそと自作して、大切に使っているようです。

ハリオのドリップスケール

湯量と時間を同時に計れる

専門的な道具は、詳しい人が選んだものを素直に真似することが多いです。このスケールも、よく行くお店で使われていました。また、機能面とデザイン面それぞれから探して、総合的に判断したりも。

堀口珈琲のNo.7を
セラーメイトの
保存容器に

ハリオの
コーヒードリッパー

マットな金属の
質感が気に入って

プラスティック製ドリッパーが割れてしまって、壊れにくい金属＋シリコン素材に買い替えました。使ってみたら熱伝導が良く、落としても割れない。コーヒーは嗜好品なので、道具の美しさも楽しみのうちと考えています。

もの選びのコツ それを使うことで時間や手間を省けるかも、道具選びには重要です。

RELAX 02

お茶時間で一日の中に余白を

365日、お茶を飲んでいます。数年前から中国茶の教室に通っていて、毎回新たなお茶との出合いがある。朝ごはんの後に、練習がてら、その日に飲むお茶を淹れています。

コーヒーや紅茶、中国茶など、カフェインを含む飲み物は、午前中に飲むのがいいと聞きました。

また、朝は体調やスケジュールに左右されにくく習慣化しやすいから、勉強や軽い運動などもできるだけ朝のうちにしておきたい。「朝は頭を目覚めさせ、夜は緊張感をほどく」を意識して、一日のルーティーンを組んでいます。

お茶の先生に分けていただいた茶葉や、台湾「徳興茶業」の梨山茶B、同じく台湾「王徳傳」の翠玉安尚烏龍などを愛飲しています。最近は、家族が淹れるコーヒーも、少し飲むようになりました。

季節や天気、体調に合わせて飲みものを選ぶ。お酒が飲めない私の、数少ない嗜好品です。

若い頃は、お洒落なカフェに行くのが好きでした。でも今は自分好みにしつらえた部屋で、上質なお茶を飲む満足感を知ってしまった。これって、心豊かなことですよね。

香り高いお茶は、細胞のひとつひとつまでうるおいが満ちていくよう。丁寧にお茶を入れると気持ちが休まる。豊かな香りに身体をあずけて、贅沢な時間を過ごしています。

もの選びのコツ 高くても、しょっちゅう使い、長く持つものならば元は取れる。

RELAX 03

道具を楽しみながらお茶を毎日に取り入れる

マグカップで
お茶を楽しめる
組み合わせ

西海陶器のスーパーステンレス茶こし

茶葉を入れて手軽に飲める

スタイリストの四分一亜紀さんが絶賛していた茶こし。姿の良さはもちろんのこと、穴が細かくて茶葉が詰まらず、洗いやすく、コップの縁に引っかけられて使いやすい。急須を使わずにおいしいお茶が飲めます。

郡司製陶所のマグカップ

持ち手のフィット感が抜群

益子で作陶している郡司庸久さん・慶子さんのマグカップ。持ちやすさが突出していて、あまりの使いやすさに来客用も含め現在は4客に。手にしっくりくるから、たくさんある中からわざわざ選んで使いたくなります。

中国茶の道具

香港で手に入れた蓋碗

縁起のいい白菜柄

香港で必ず訪れる「粤東磁廠」は、倉庫のような空間に手描きのうつわがびっしりと並ぶ店。毎回、数時間籠って膨大な中からお宝探し。白菜は財運をもたらすモチーフで、使うたびに好きだなと嬉しくなります。

村上雄一さんの中国茶器一式

白磁はどんな茶葉にも

個展などで少しずつ揃えた村上さんのうつわ。白磁は香りがしみこまないので、様々な種類の茶葉をこれひとつで楽しめます。一式揃えるならば、まずは他のものとも合わせやすい、シンプルなものから。

RELAX 04

空間や時間で気分を変えられる照明使い

夕食を終えたら、部屋の照明を半分消す。夜のくつろぎ時間の始まりです。

照明づかいは、日照時間が短く家にいる時間が長い、北欧の家をお手本にしています。部屋中をまんべんなく照らすダウンライトを消して、間接照明のスイッチをつけてまわる。ソファ横、ダイニングテーブル、キッチンなど、必要なところに明かりがあるから、手元は暗くなりません。

間接照明にすると、ふわりと包まれるようで心が落ち着く。やさしい陰影が生まれて、それが空間に奥行きをもたらしてくれます。

わが家の照明は、デザイン重視。ダイニングのジャスパー・モリソンのグローボールとリビングのタイガランプのシャンデリアは、夫と私のそれぞれが選びました。

そして、あちこち移動させて使っているフロアライトとスタンドライトはＩＫＥＡの商品です。さすが北欧メーカー。お値段以上の照明器具が見つかりました。象の柄のシェードは、スウェーデンのインテリアテキスタイルメーカー「スヴェンスク・テン」のもの。

あとは電球色と明るさでしょうか。心地いい光の色と明度を知ることは、とても大切です。

夜はその日の疲れや緊張をリセットする時間だから、忙しくても自分時間はしっかり確保して、ドラマや映画、音楽、読書を楽しんでいます。

オンとオフの切り替えは、照明でするのが効果的。光と影の美しさを味わって。

照明

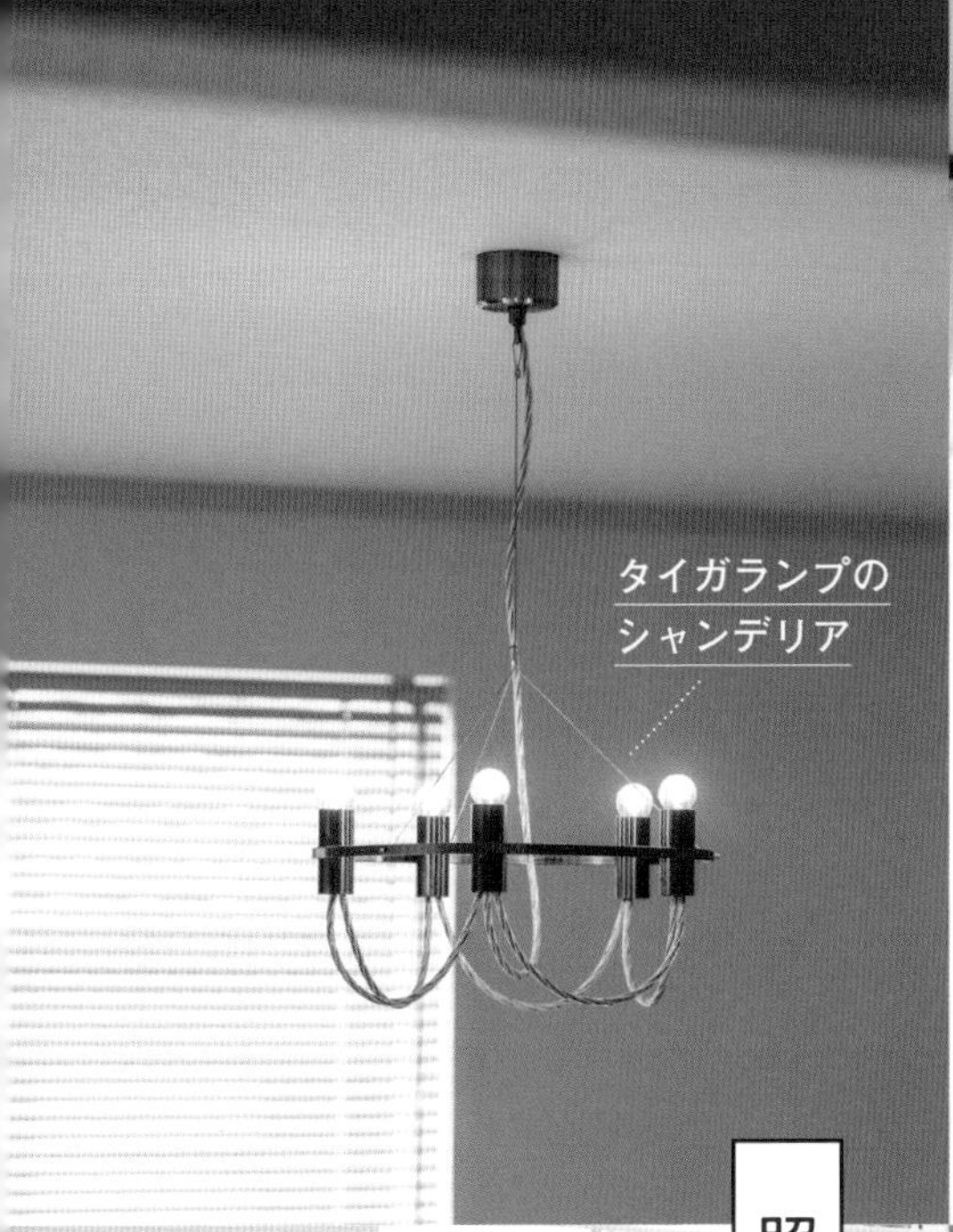

タイガランプの
シャンデリア

ジャスパー・
モリソンの照明

IKEAの
フロアライト

アレンジした
スタンドライト

キャリー・ザ・サンのソーラーランタン

エコで防災対策にもなるランタン

太陽光で充電できるソーラーランタンをキャンプで使っています。家でも使えて、防災対策にもなる。やわらかな光があるだけで、安心感をくれます。使わないときはペタンコになるのもありがたい。

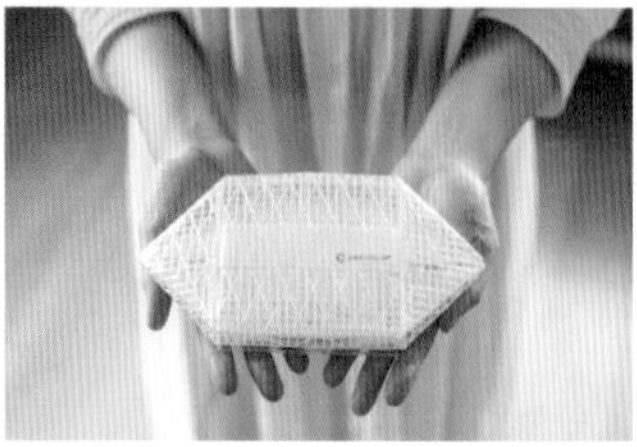

こんなに
コンパクトに！

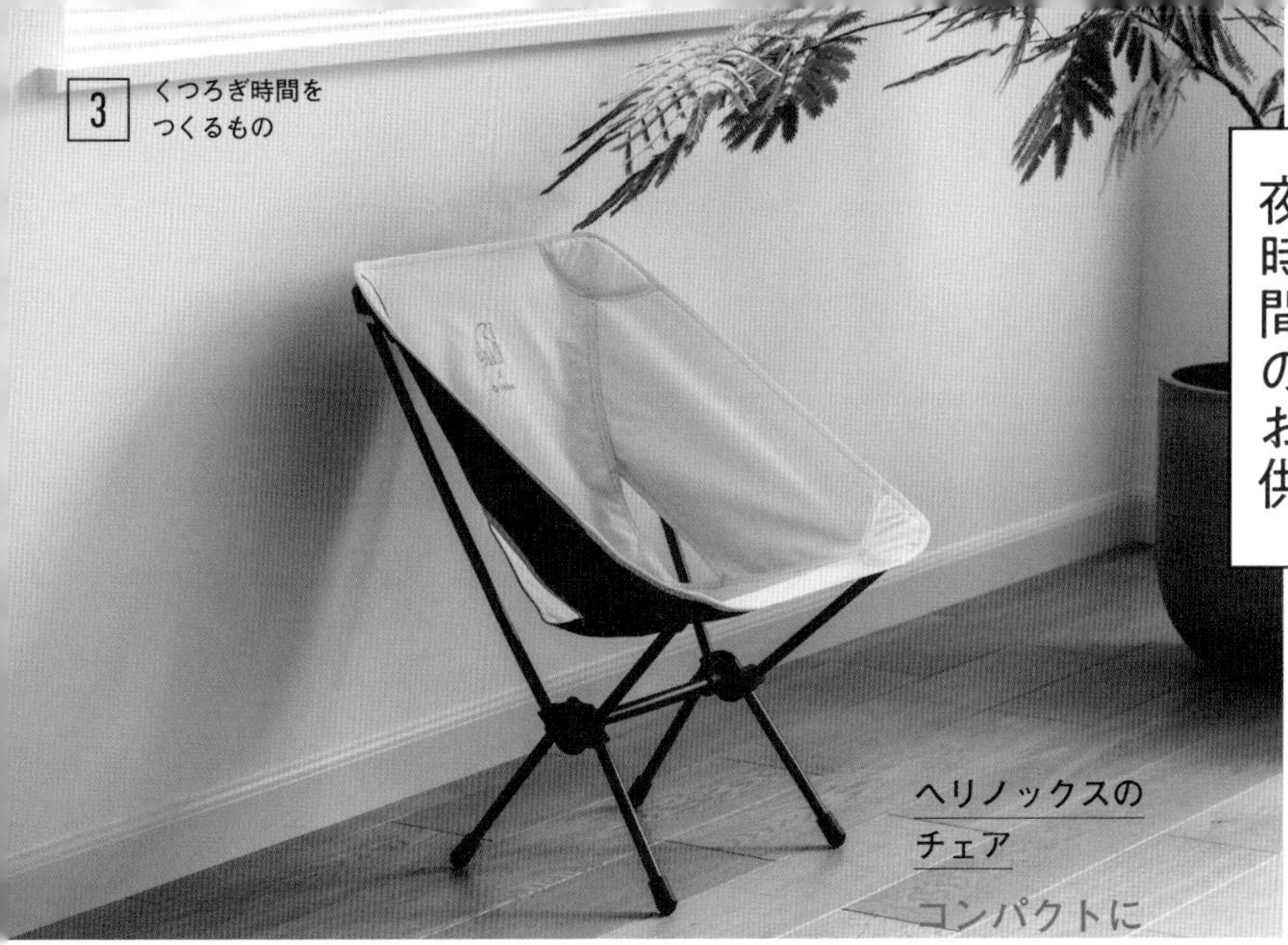

夜時間のお供

ヘリノックスのチェア

コンパクトに折りたためる

軽量でコンパクト、組み立ても簡単なヘリノックスのチェア。野外だけでなく家でも使いたくて、ノルディスクとのコラボバージョンを選びました。帆布のような張り地はポリエステル、体がすっぽり収まる座り心地も◎。

クリッパンのシュニールコットンブランケット

毛玉ができにくく通年使える

しっかり地厚なコットン素材で、洗濯機で洗えます。真夏の冷房対策から真冬まで、一年中活躍する頼れる一枚。ソファに横になって包まれたり、床に敷いてゴロゴロしたり、夏はタオルケット代わりにも。

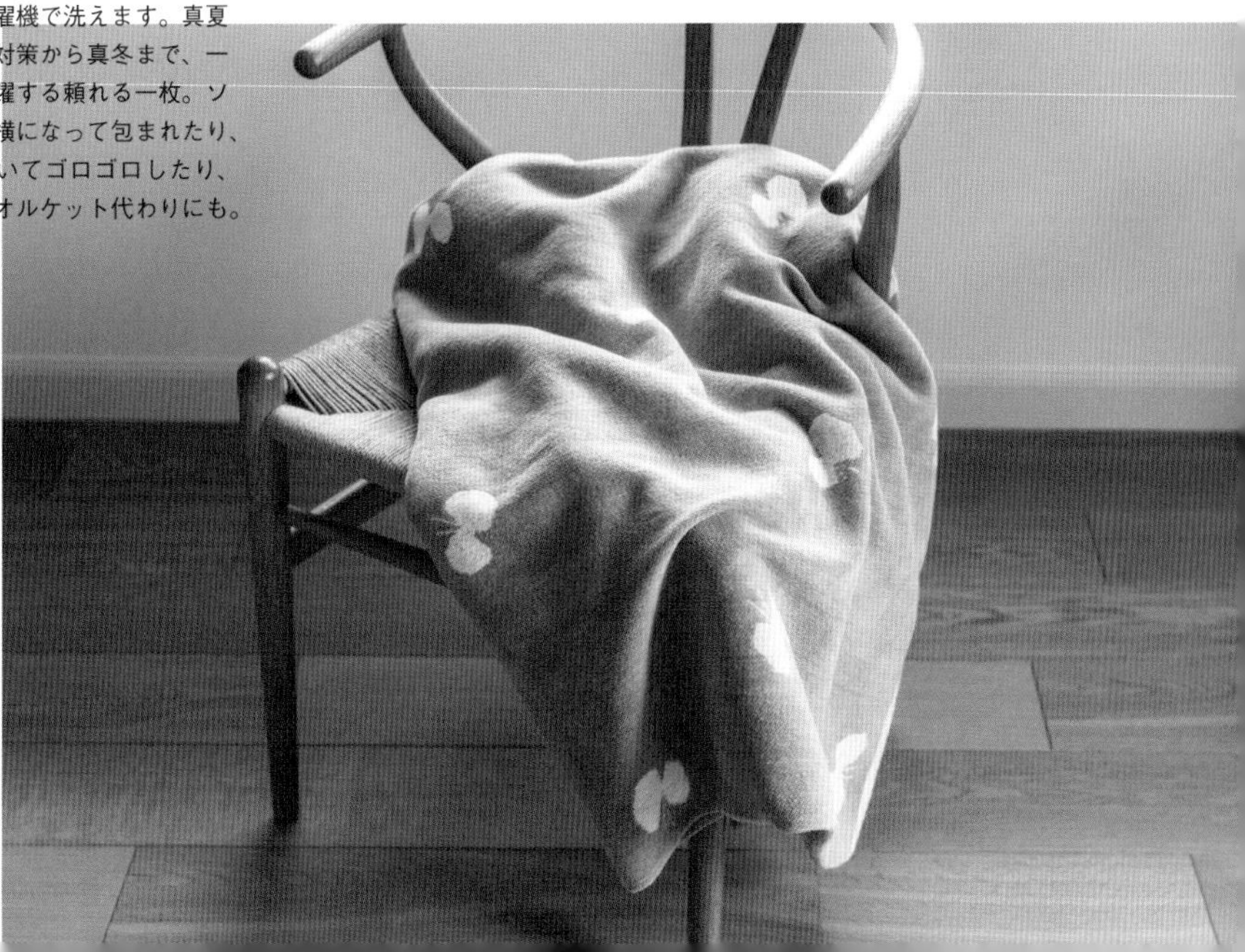

収納

1

2

3

好きなものこそ
見せながらしまう

1.毎日使う茶杯は、すぐ手に取りたいから出しっぱなし。大きめのお皿に置いています。2.夜にお酒を飲むオールドバカラや、来客時によく使う北欧アンティークのC&S。他のものと比べるとやや使用頻度が下がるので、キッチンから少し遠めの飾り棚に入れています。3.毎朝使うコーヒーの道具は、電気ポット近くの引き出しにしまって。一緒に使うものはひとまとめにすると、あちこちから出してこなくてすみます。

1

国や種類ごとに ゆるやかに分ける

右は台湾、左は中国や香港、マカオ。混ぜて使うこともありますが、しまう場所は自分がわかりやすい配置で。収納スペースに対してぎゅうぎゅうに入れず余白をつくると、ものの素敵さが引き立ちます。

2

お茶の種類を大別して ファイルボックスに

引き出しひとつ分ある茶葉。何がどれだけあるか把握できるように、種類別に分けています。引き出しの収納には、無印良品のファイルボックス・1/2がお役立ち。収納力があるのに浅めだから、ものが取り出しやすい。

1

2

もの選びのコツ〉コレクションを目的にせず、いつでも「使うもの」だけを選びます。

COLUMN

3

私の定番ギフト

ITEM 1

銀座菊廻舎の冨貴寄
(写真は冨貴寄 夏色缶)

ギフトを差し上げるのも頂くのも多い方かもしれません。

私のギフトのポリシーは、「自分で買うにはちょっと贅沢な、心躍るもの」。家族構成や食の好みも加味しますが、それらの情報がない方にも贈れるのがこちらの三品。もちろん、わが家の定番でもあります。

季節ごとに中身が変わる冨貴寄は明治23年創業の老舗のもので、海外の友人に差し上げても喜ばれました。缶を開けたときに、わぁーっと歓声が上がると、こちらも嬉しくなります。贈りもの上手の方が多いため、嬉しかったいただきものはすぐにメモしています。

ITEM 2

evam evaの葡萄ジュース

ラベルも美しい国産葡萄のジュース

お菓子研究家の本間節子さんにいただいた、葡萄ジュース。収穫した葡萄をすぐに搾っているからみずみずしい。果実をそのまま口に含んだようなおいしさです。お子さんがいる方や手土産にも喜ばれます。

ITEM 3

明治の山茶

古式農法の山番茶

明治神宮の参拝記念品である、古式農法の山番茶。お茶好きな方に差し上げています。十分に育った茶葉を開いたまま乾燥させて軽く炒るという、古来の製法でつくられたお茶。一煎目の香りが抜群です。

ITEM 4

猫村さんのふきん

心がほぐれる
絵柄が◎

中川政七商店で見つけた、猫村さんのおふきん。ファニーな絵柄に思わず笑みがこぼれます。奈良のかや織ふきんは、水を通すとふっくらやわらか。食器拭きや台布巾に使えます。ちょっとしたギフトやお礼にも。税込み550円。

ネットショッピング必勝法！

届いたときに「イメージが違った」とならないために、
気をつけている6つのポイントをご紹介します。

1 できれば実物を見たことがあるものを

百聞は一見に如かず。たとえばそれ自体は見ていなくても、同ブランドの製品を知っていれば素材感やサイズなどを想像しやすい。特に洋服はその傾向大です。

2 サイズや素材の表記をチェック

ネットの情報だけで判断する場合は、サイズや素材などにも必ず目を通して。必要であれば、メジャーなどで実際のサイズを測ってみたりもします。

3 手持ちのものと比較する

たとえばお皿を買う場合、手持ちの似たものと比較してイメージを広げ、どう使うかまで考えます。「欲しいから買う」となりがちな人に、おすすめの方法です。

4 イメージしにくい素材は避ける

ステンレスや紙、コットンなど、ある程度予想のつく素材は良いですが、変わった素材は予想と実物の落差が大きいことも。イメージしにくい素材は極力避けています。

5 色々な写真を見てみる

実際使っている人の写真はより多くの情報をくれる。インスタグラムなども必ず検索します。光の当たり方で、印象がかなり変わったりもするので必ず確認して。

6 口コミは良いものと悪いものを両方見る

実際に使った人の意見は貴重。口コミは様々な価値観の人が書いているから、良い評価と悪い評価の両方に目を通して、最終的には悪い評価を許容できるかで判断を。

4

ご機嫌でいられる服たち

CLOTHES | 01

自分の定番を持ちつつ、私らしさを更新していく

もっと好きに服を着たらいいのよ。そう言われて、自分で年齢や職業、体型など、ラベルをいくつも貼っていたことに気づきました。知らず知らずのうちに人の目を気にして、わかりやすさを追い求めすぎていたようです。

　褒められたり、沢山失敗もして、好きなものや似合うものは、だいたいわかってきました。それでもなお、自分らしさをアップデートしていきたいと思っています。

　近頃の私は、ここ数年似合わないように感じていたTシャツに、再チャレンジしています。思いきってサイズを上げて着てみたら、なかなか悪くないみたいです。

　そんな風に冒険ができるのも、すべてはクローゼットにある定番服のおかげかもしれません。体型に合って、ライフスタイルにふさわしく、着心地も良い。つまりは毎日着たくなる服たちです。

　そのうちの一枚が、コム・デ・ギャルソンのテーパードパンツです。オールシーズンOKのウールギャバ素材はどれだけ酷使しても傷まず、かれこれ10年くらいのつき合いです。今年、色とサイズを変えて、一本買い足しました。

　服の数は少ないけれど、軸となる定番アイテム（ワンピース、テーパードパンツ、ロング丈のはおり）は揃っているから困りません。ワードローブ全体に目が行き届いて、収納の悩みとも無縁です。

パンツ

色違いで2本、
10年ものの
愛用品

コム・デ・ギャルソンのテーパードパンツ

デザイン性が高いブランドの服は、シンプルなものでも細部にまで工夫があり、逆に流行に左右されずに着られる。上質な生地は何年着ても傷まずテカらず、さらにはお直しにも対応してくれるため、長くつき合えます。

3シーズンの服をコーディネートの柱に

ワンピース

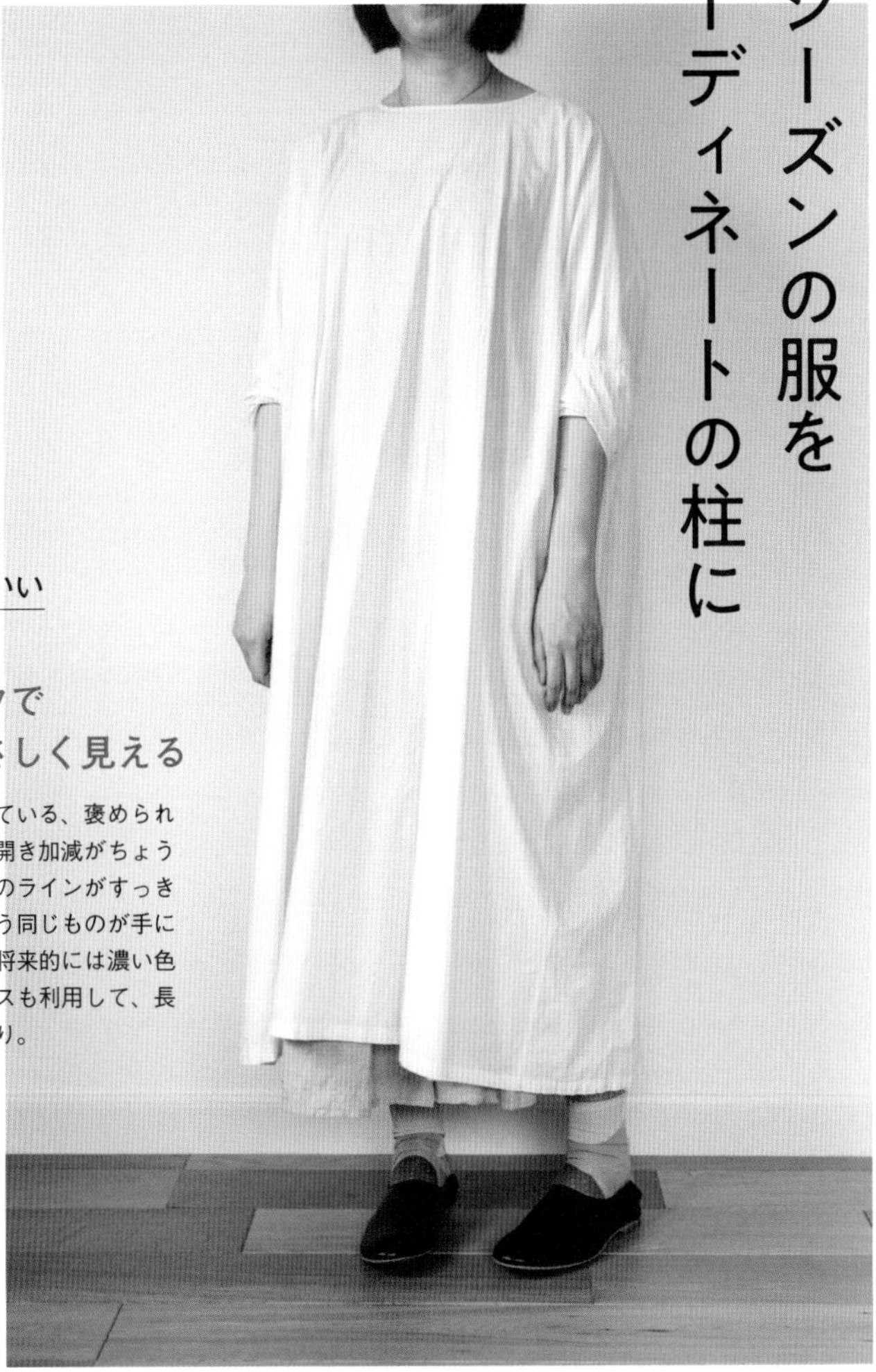

顔うつりのいいワンピース

薄いピンクで顔色がやさしく見える

何年も大切に着ている、褒められワンピ。首元の開き加減がちょうど良く、首や肩のラインがすっきり見えます。もう同じものが手に入らないので、将来的には濃い色に染めるサービスも利用して、長く愛用するつもり。

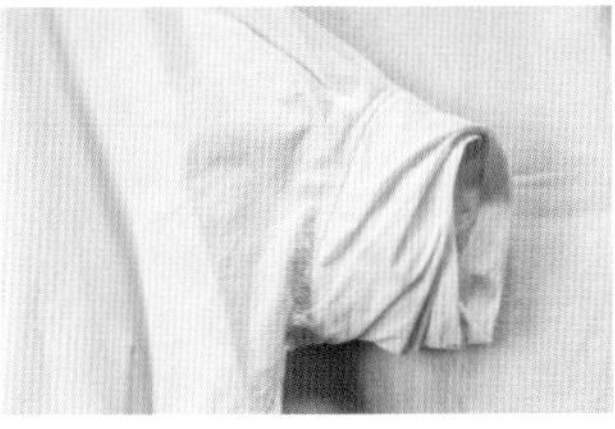

／ 肘丈の袖もかわいい ＼

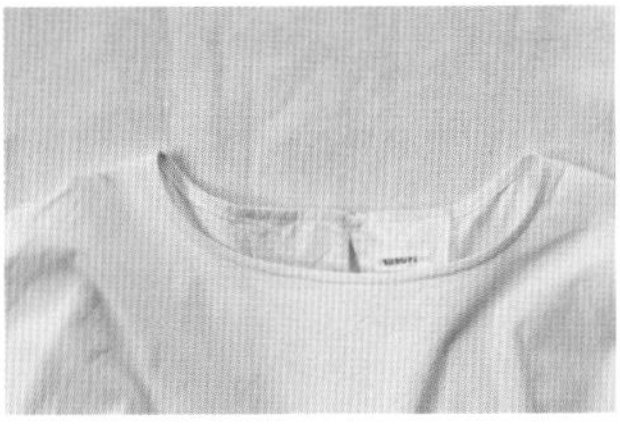

／ 首元の開きがキレイ ＼

きちんと感のあるワンピース

きれいめな素材感で仕事やお出かけに

洗練されたシルエットと清潔感ある薄手のローン生地は、お仕事やお出かけにいい。袖丈もギリギリ肘が隠れてさりげなくカバー。ボタンを開ければはおりにもなる、大人に優しい一枚です。

着心地のいいワンピース

ワンマイルウエアこそ奮発して

ネストローブの、生地を裁断したあとの「裁断くず」を原料とした、アップサイクルリノというシリーズ。家でも素敵な服を着ている女性になりたくて、サスティナブルなリネンワンピを選びました。こまめに洗いながら、ほぼ毎日着ています。

袖口がゴムで
腕まくりしやすい

ローブ

CLOTHES 03

生地が薄くて重ねやすいアウターを

Le pivotのデニムライクローブ

着まわし力抜群で小さくたためる

薄手のアウターを重ねると、軽い着心地で温度調節がしやすい。ロングセラーのデニムライクローブは、ポリエステル素材で大きめストールくらいのボリューム感。バッグに入れてもかさばらず、色違いも狙っています。

forte_forteのローブ

袖や裾のあしらいがコーデのアクセントに

秋冬の服は地味になりがちだから、どこかに色や柄を足しています。forte_forteは上質な素材で手仕事も楽しめるイタリアのブランド。アウターは生地の分量があって目がいくので、予算のかけどころ。

POINT

ぴったり合う“丈”を探す

83ページのアウターは、メゾンドソイルのキルティングコート。手持ちのアウターのほとんどがひざ下丈です。

CLOTHES 04

アクセサリーで顔まわりを華やかに

アクセサリー

モンシロのアクセサリー

ぱっと目を引く美しく重厚感のあるアイテム

アクセサリーは偏愛主義。印象に残るように、ピアスを中心に選んでいます。新潟を拠点に、繊細なアクセサリーを生み出している「モンシロ」は、身につけても置いていても素敵。ほぼ毎日、何かしらをつけています。

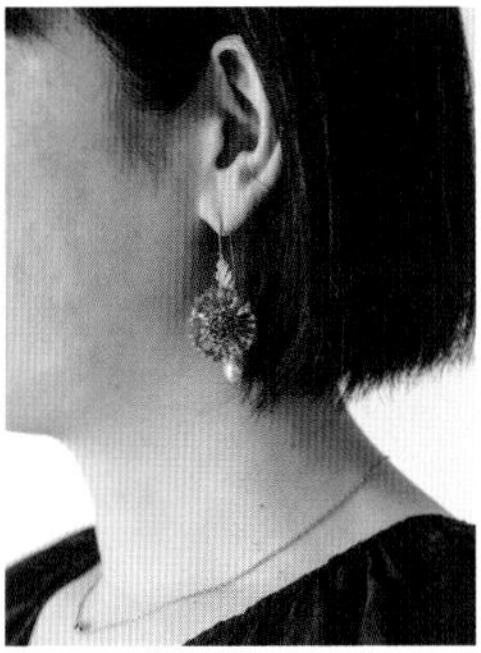

シンプルな服に合わせて

もの選びのコツ 服選びは、クリーニング代も値段に含めて考えます。

シューズ

1

2

2

ダンスコのサンダル

ヒールがあるのに足が疲れない

一生つき合っていく、ダンスコの靴。このサンダルやショートブーツなど、常に3足ほど所有しています。アメリカでは医療や立ち仕事の現場でも愛用されており、疲れない靴を探している人にもおすすめします。

1

queのシューズ

かわいいデザインとお手頃価格が◎

甲の部分が深い“plain”と、きちんと感のあるレースアップの“derby”。服を選ばず、誰にでも似合う靴です。「que」は店舗もネット通販もなくイベントなどでのみ購入可。やわらかい履き心地で、たくさん歩く方にも。

靴下・インナー

1

＋10（テンモア）のソックス

色と柄で
遊び心を加えて

ハッピーなデザインとカラーが魅力のテンモアは、台湾のブランド。くり返し履いてもへたらない点も、リピートする大きな理由です。消耗品がくたっとしていると恥ずかしいから、タフさも重視しています。

2

無印良品のウールインナー

一年中愛用している
快適なインナー

登山を通じて防臭性と吸湿性に優れたウール素材のインナーの快適さを知り、毎日着るようになりました。無印良品は他メーカーと比べてお手頃価格で、家の洗濯機で洗えます。もう、インナーはこれさえあればいい。

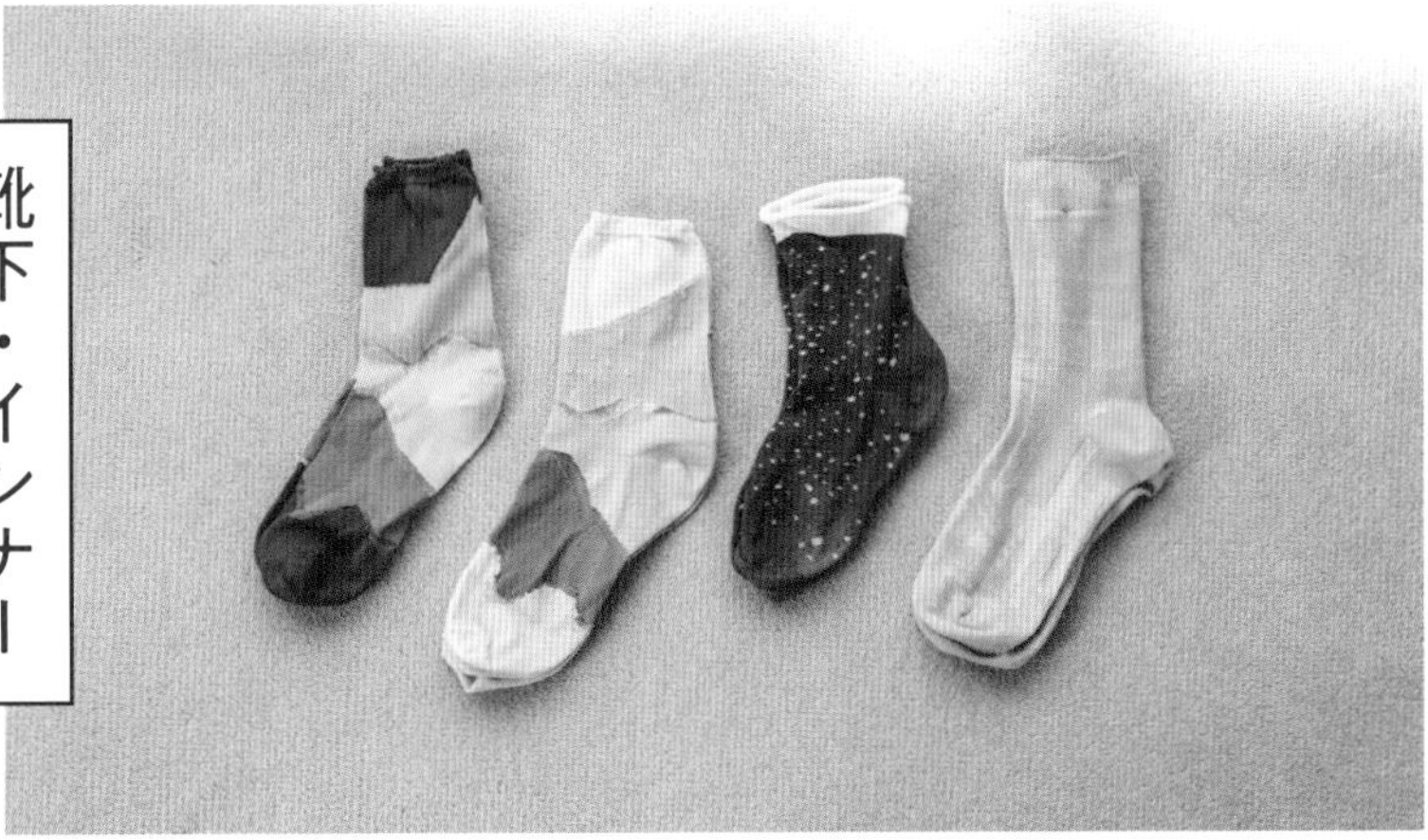

1

2

もの選びのコツ　消耗品は適度に入れ替えたいから、高すぎるものは買いません。

CLOTHES 05

小物選びは ハイ&ローがいい

小物

プチプラなストール

はおりものの代わりにもなる ふんわりストール

旅好きの間でも“使える！”と話題になったユニクロのカシミヤビッグストールは、薄手でふんわり。巻いたときに、ちょうどいいボリューム感です。カーディガンより気軽に使えて、複数買いもしやすい。もちろん家で洗っています。

エルメスのスカーフ

“万国博覧会”を 描いた ひとめ惚れスカーフ

デパートで積み立てをして、ご褒美で手に入れたスカーフ。見ているだけで幸せになるから、これはもう家宝ですね。“エルメスをさらりと巻く大人になる”という目標ができて、買い物がこれからの指針を示してくれました。

雨の日のもの

トラディショナルウェザーウェアの傘

雨の日の憂鬱が晴れる傘

雨の日は気が滅入るため、あえて明るい色柄を。同柄のケースつきで、持ち歩きしやすいです。うっかり屋でどうすれば大切な傘を失くさないか分析した結果、ずっと折りたたみ傘を選んでいます。

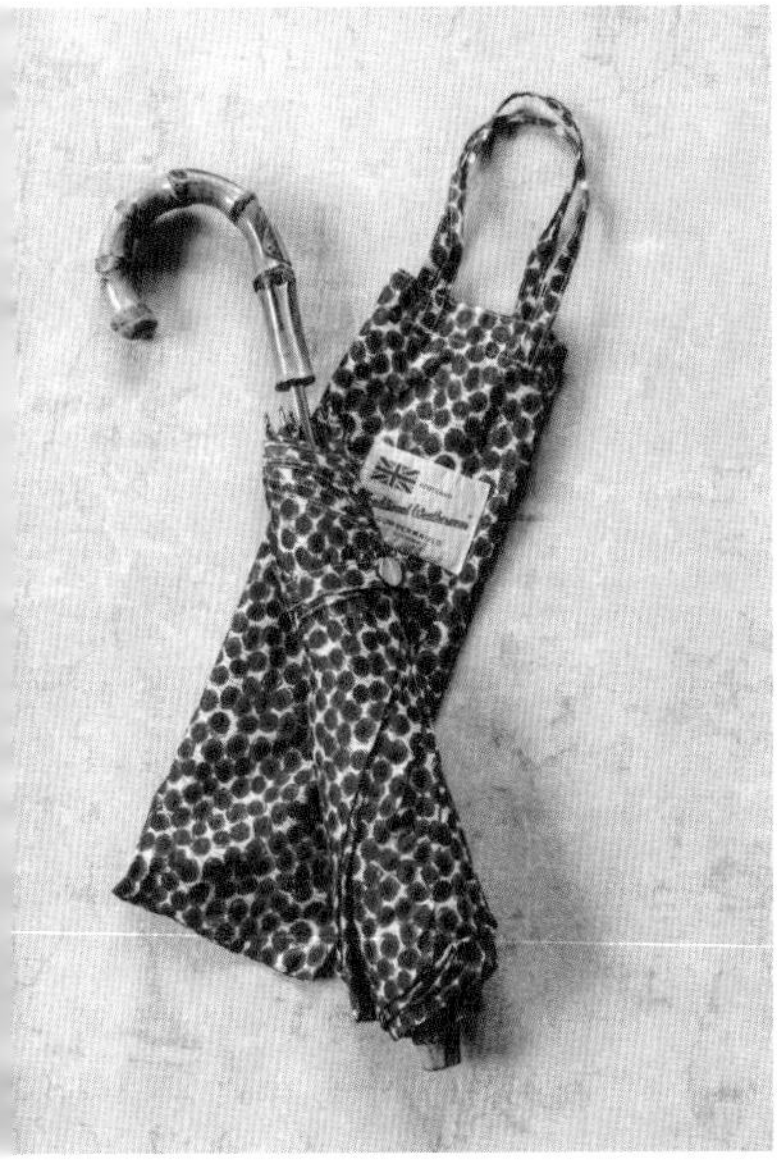

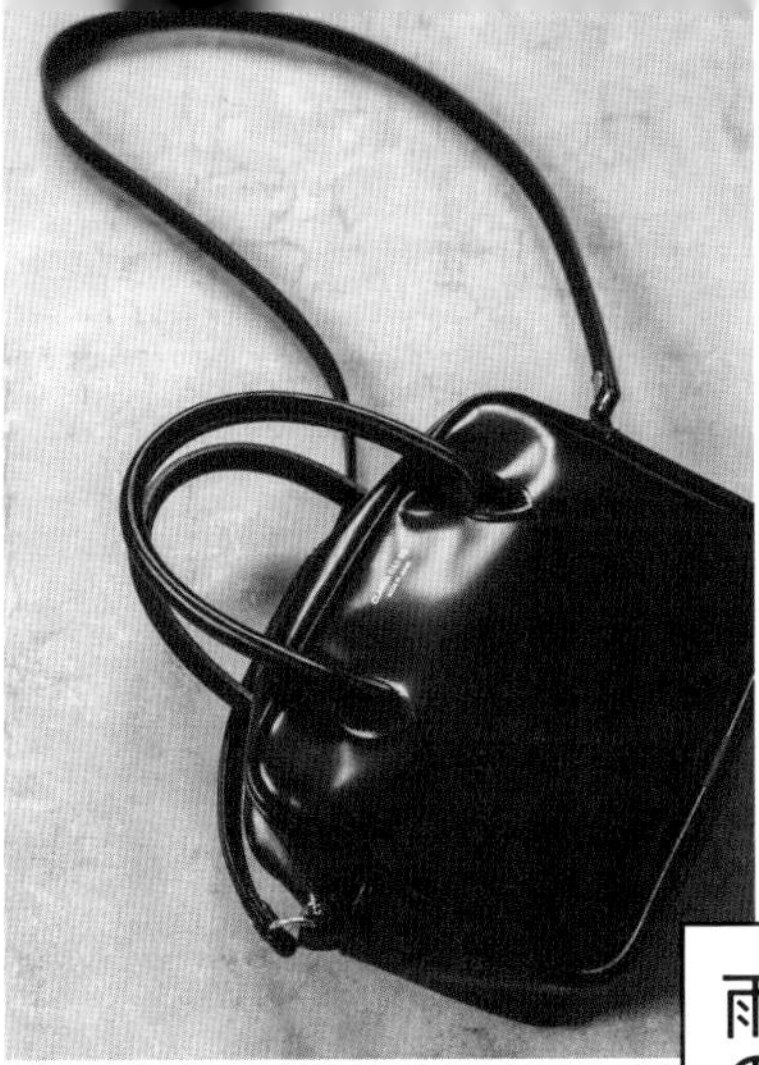

クラスカ ドーの ミニボストンバッグ

雨の日でも気兼ねなく持てる

お天気が悪い日は、両手があいて身体に沿うバッグが便利。さらに合皮素材だと、もし濡れても安心です。このバッグは内側に使いやすい仕切りがあり、ストラップも取り外せる。なかなか優秀なつくりなのです。

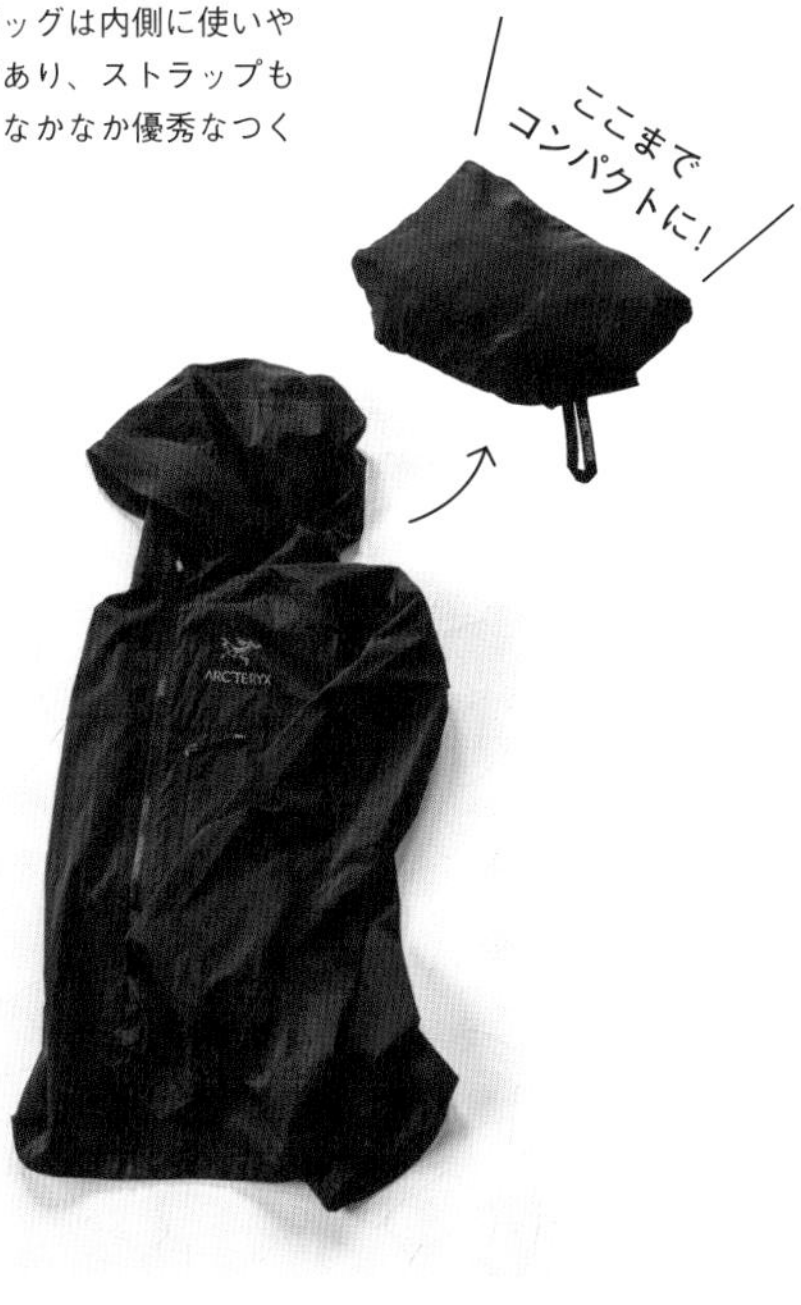

アークテリクスのフーディ

安心感のある撥水素材

定番のスコーミッシュフーディは、コンパクトにたためるウィンドシェル。重さはなんと125gで、防風性が高くムレも逃がしてくれる。変わりやすい天気や温度変化の激しい日に持っていると助かるアウターです。

CLOTHES 06

憧れブランドも「使い込めるか」がポイントに

THE FACTORYのシルババッグ

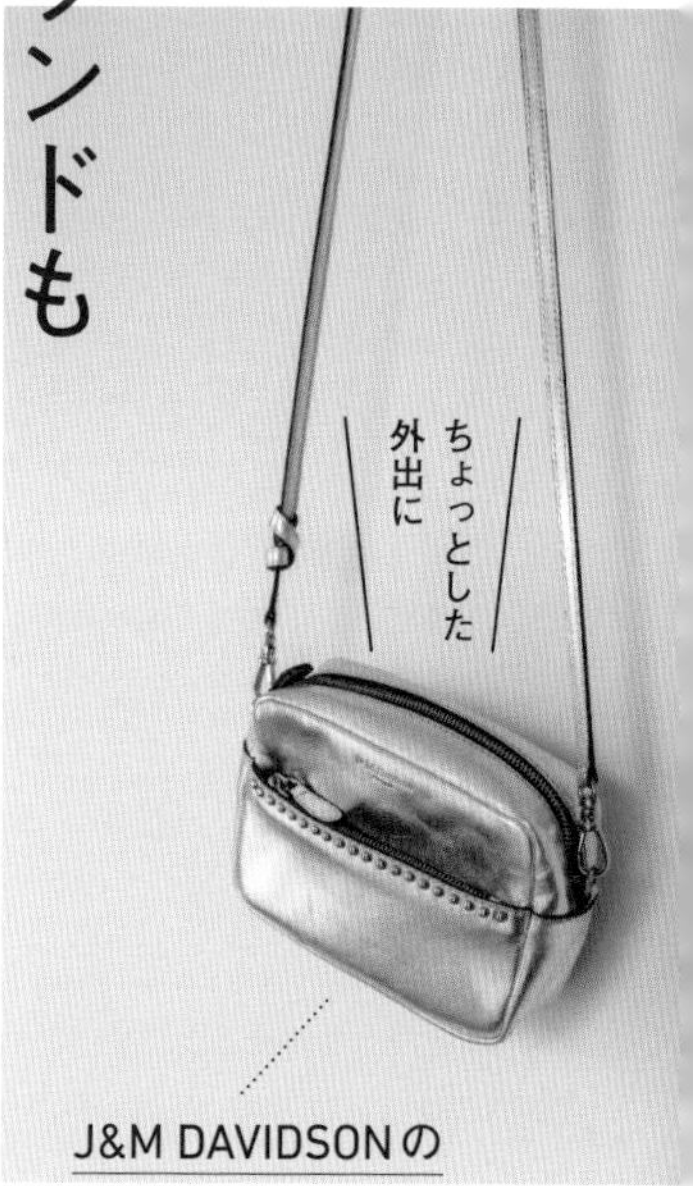
ちょっとした外出に

J&M DAVIDSONのミニショルダー

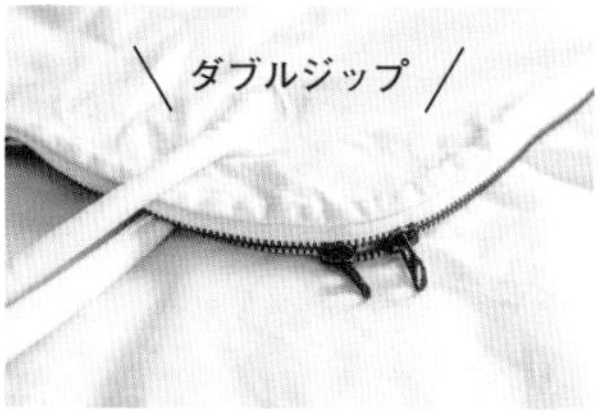
ダブルジップ

服がカジュアルな分、憧れブランドのバッグでコーディネートを格上げしたい。購入時はお店の方に話を聞いたり、使っている人の感想もかなり念入りに調べます。

バッグは道具でもあるから、使いやすくないと。そして本体が軽いことも条件のひとつです。長くキレイに使いたいので、しっかりした作りで、経年変化しにくい素材のものを選んでいます。

色は黒かシルバー、ゴールドが私は合わせやすい。コンパクトなJ&M DAVIDSONのショルダーはアクセサリー感覚。布製のシルババッグは、汚れることを承知で、あえて真っ白を。時々漂白しながら使っています。

バッグ

傷つきにくく、
新品同様なまま

適度に入り、
出し入れしやすい

マルニのMUSEOバッグ

ハイブランドなのに
使いまくれるタフさが魅力

どこにでも持っていく、ショルダーストラップつきトートバッグ。お店の方の「カーフスキンは傷がつきにくいですよ」という言葉通り、毎日酷使しても新品同様。高価でしたが、徹底的に使えて、確実に元が取れています。

バッグの選び方３ヶ条

- 値段が耐久性に見合うか
- いろんな服に合わせやすい
- 年齢に合う上質感

CLOTHES 07

クローゼットは7割。取り出しやすさを重視して

収納

4

1

2

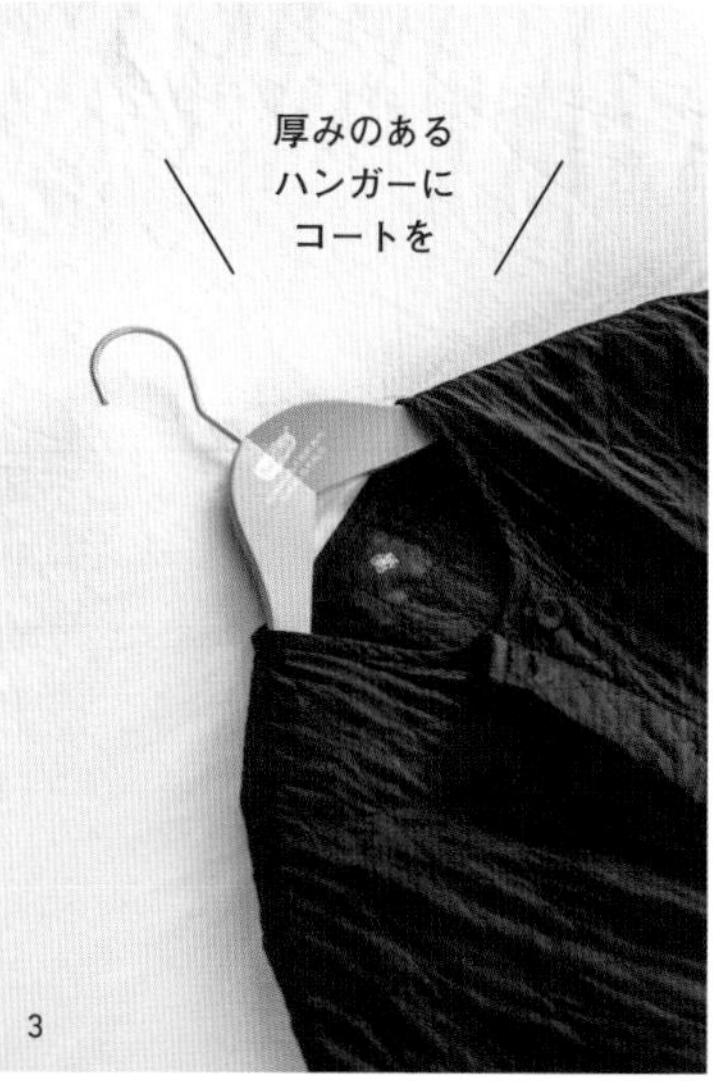

3

持っているものが すべて見えるしまい方

クローゼット収納の基本方針は、極力吊るす。中央にはワゴンを置いています。1. ワゴン下段は布製エコバッグとパーティー用のバッグを。2. ワゴン中段は部屋着と運動用のウエアを入れて。3. コートやジャケットは肩のシルエットを崩さないようフレディ レックの厚手ハンガーにかけます。4. 取り出しやすいワゴン上段にはかごを置いて、特に使用頻度の高いストール類やターバンなどを、ゆるやかに分類しつつ収納しています。

6

5

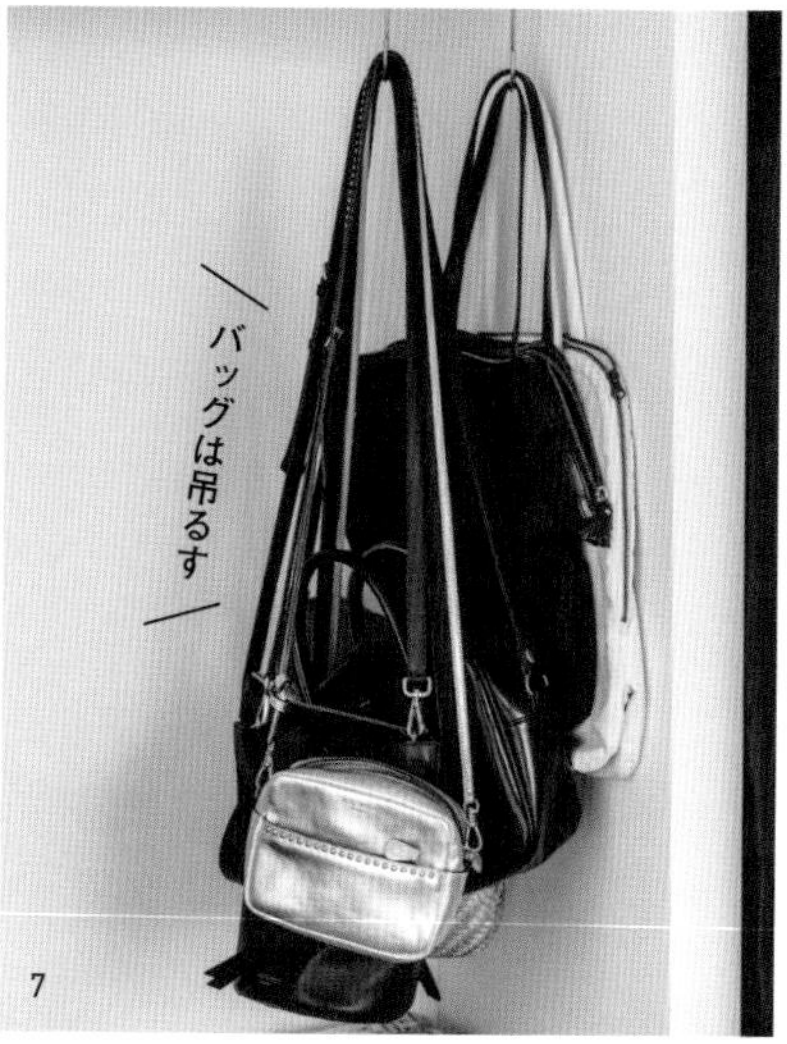

7

ハンガーを統一して見た目もすっきり

整然としたクローゼットのためには、ハンガーの統一が必須です。5.オフシーズンのアイテムは無印良品のポリプロピレンボックスに。本体が軽く、重ねて収納できます。6.これらはすべてドイツのマワハンガー。すでに15年ほど使っているので、いい買い物でした。7.かっちりした革のバッグ以外は、バッグも吊るします。8.ハンガーに服をかける際は身頃の方向を揃えて、アイテム＆色別に並べています。9.インナーや靴下はチェストが定位置。

9

8

COLUMN

4 バッグの中身

小さめのバッグが好きです。そこに本や手帳を入れることが多いので、バッグはいつもぎゅうぎゅう。それ以外は最小限に絞っていますが、快適さや健やかさのためのものなら持っていく。バッグの中身は性格や価値観が出ますよね。

新たに持ち歩くようになったのは、エコバッグとアルコールジェル、ワイヤレスのイヤホンです。これまでエコバッグはそのときの気分で布製トートを使っていましたが、毎日のことになったので小さくたためて軽いものに。アルコールジェルも、香りで癒やされたい。いいイヤホンは歩くのが楽しくなる。バッグにささやかな喜びを詰め込んでいます。

ITEM **1**

J&M DAVIDSONの
小さい財布

中身が一目瞭然で
カードもたくさん入る

現在はほぼカード決済なので、お財布もコンパクトに。中は三つに分かれていて、それぞれお札と小銭、カードを入れられます。たっぷり取られたマチのおかげで大きく開くから、目が行き届く。よくできたお財布です。

ITEM **2**

エコバッグと
持ち手つきポーチ

小さいけれど
頼りになるもの

グラナイトギアのエアグロッセリーバッグは、とにかく軽くて丈夫。使わないときに小さくしまえる付属ポーチが優秀で、入れやすくて出しやすい。レスポートサックのポーチは持ち手つきでバッグインバッグに便利。

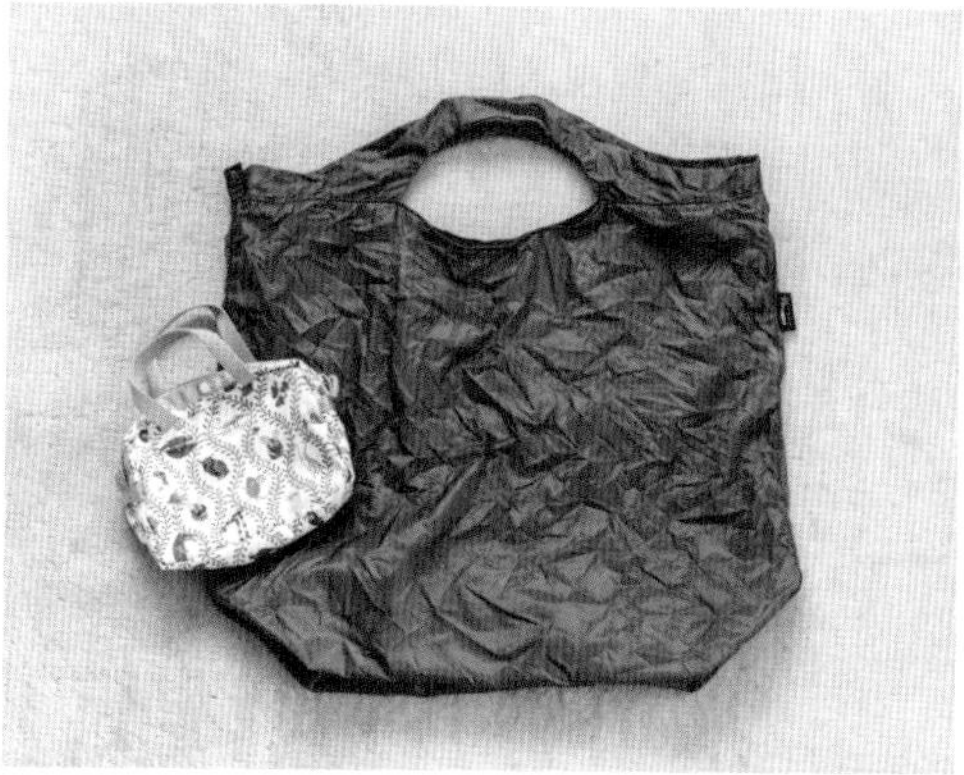

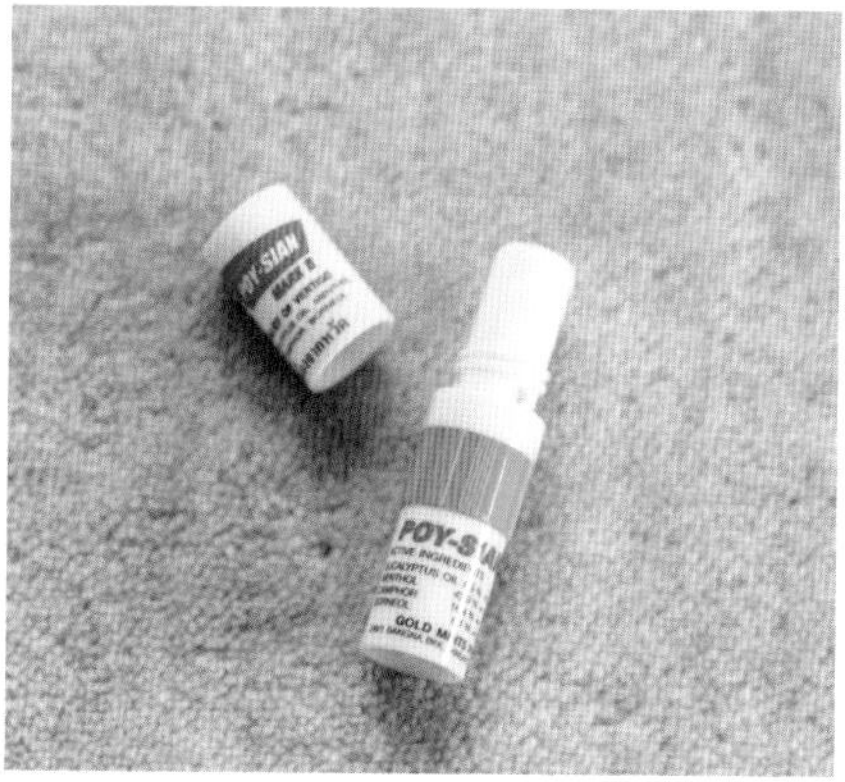

ITEM **3**

タイ人が嗅ぐメンソール
ヤードム

すっきりしたいとき、
気持ちを落ち着けたいときに

タイ人の必須アイテム、ヤードム。清涼感あるミントの香りが鼻づまりや眠気を解消して、リフレッシュ効果あり。マスクに香りをつけたり、すっきりしない天気や気分のときに使っています。パッケージもかわいい。

ITEM 4

イソップのリンスフリー ハンドウォッシュ

香りの力で気分を上げる

すっかり習慣になった、手指の除菌。無香料の製品も使っていますが、時に、香りのいいジェルやスプレーに助けてもらっています。香りが気持ちに作用する癒やし効果を、大いに感じています。

ITEM 5

象印の『シームレスせん』採用の水筒

そのまま口をつけられて洗うのもラク

ワンタッチで蓋が開く水筒。外出時や乗り物では、直接飲める水筒が断然便利ですね。せんとパッキンが一体型で、ラクにパーツを取り外して洗えるのも◎。480mlを使っていて、小さい360mlサイズも購入を検討中。

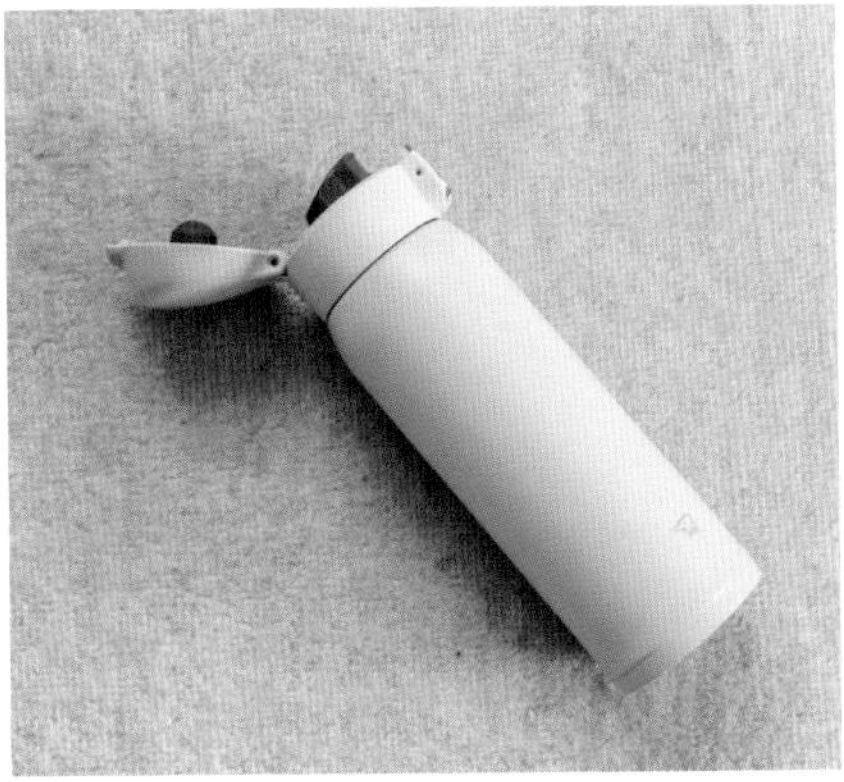

ITEM 6

ソニーのワイヤレスイヤホン

コードのごちゃごちゃから解放してくれたイヤホン

これまでは有線のイヤホンを使っていましたが、音が良いワイヤレスのイヤホンに替えました。好きな音楽を聴きながら歩くと、足取りも軽くなる。私にとってイヤホンは健康グッズとも言えるかも。

5

おうちの表情をつくるもの

INTERIOR 01

大きな家具は20年使うことを考えて

ソファを探していた当時は、同デザイナーの別ブランドのソファが爆発的な人気でした。でも、私にはエレガントで軽やかなこちらがしっくりきて。

いざオーダーする段になったら、同色の実物はなく、雑誌にも載っていなくて、ネット検索で見つけた画像と小さな生地サンプルを頼りに、想像力をかき集めて、決死の覚悟でオーダーしました。

だから、大事にお手入れします。ソファは毎週末、クッション部分を外して奥まで掃除機をかけて、時々は革用クリームを塗ります。ダイニングテーブルも同様に、数か月おきに家具用の蜜蝋ワックスで磨いています。

大きな家具選びはトレンドに流されず、自分の本質に寄り添うものを。10年、20年後のなりたい姿をイメージして、少し背伸びして選びます。ほとんどの家具はずっと使い続けていますが、いくつかは年下の方に引き継いでもらったり、アンティークショップに引き取っていただいたりしました。

知人は「いつか飽きるかもしれないから、リセール・バリューのあるものを選びたい」と言います。たしかにそれも賢いですね。

家具は大きいから、責任もつきまといます。だから長く使えるかはもちろん、もし暮らしに合わなくなったらどうするかなど、先のことも考えて購入するのがいいでしょう。

ソファ

ハンス・J・ウェグナーのカール・ハンセン＆サン社のソファ

INTERIOR 02

色や柄で部屋に彩りを添える

柄もの

ウィリアム・モリスのカーテン

陽光で柄が浮かぶ

リネン地におなじみのモリス柄が細かに刺繍されたカーテン。朝、光がさしこむと柄が浮き上がり、なんともいえない美しさ。毎朝うっとり見つめています。カーテンは面積が大きく印象に残るので、慎重に選んで。

ボックスアンドニードルのティッシュボックス

布でも木でもない紙箱がお気に入り

ティッシュは生活感が出やすいアイテムなのに、ケースの選択肢が少ない。何年も散々探して紙製のボックスにたどり着きました。美しい輸入ペーパーで、京都の職人が手貼りで制作しているそう。柄は色々あります。

手作りのクッションカバー

統一感を気にせず惹かれたものを

クッションカバーは面積が小さいので、多少攻めてもOK。直線縫いだけでできるから、着なくなった服や手持ちの生地で作ることもあります。統一感は気にしすぎず、好きなものを自由に使って。

アジア各国のスリッパ

キッチュさを楽しもう

旅先で見つけたりお土産でいただいた、香港・台湾・韓国のスリッパ。洋服やインテリアでは難易度の高い強い色も、スリッパならば挑戦できる。消耗品かつ会話の糸口にもなるので、ちょっと派手なものをチョイスしています。

INTERIOR 03

部屋のムードをつくるのは家具だけじゃない

部屋になじむもの

Creamore Millのペグラック

帽子やバッグ掛けに重宝

イギリスの工房で作られた、オーク材のペグラック。釘二本で壁に固定。フック部分がすっきり細く、存在感がちょうどいい。LDK入ってすぐの動線上に設置して、脱いだ上着やお客様のコートを掛けています。

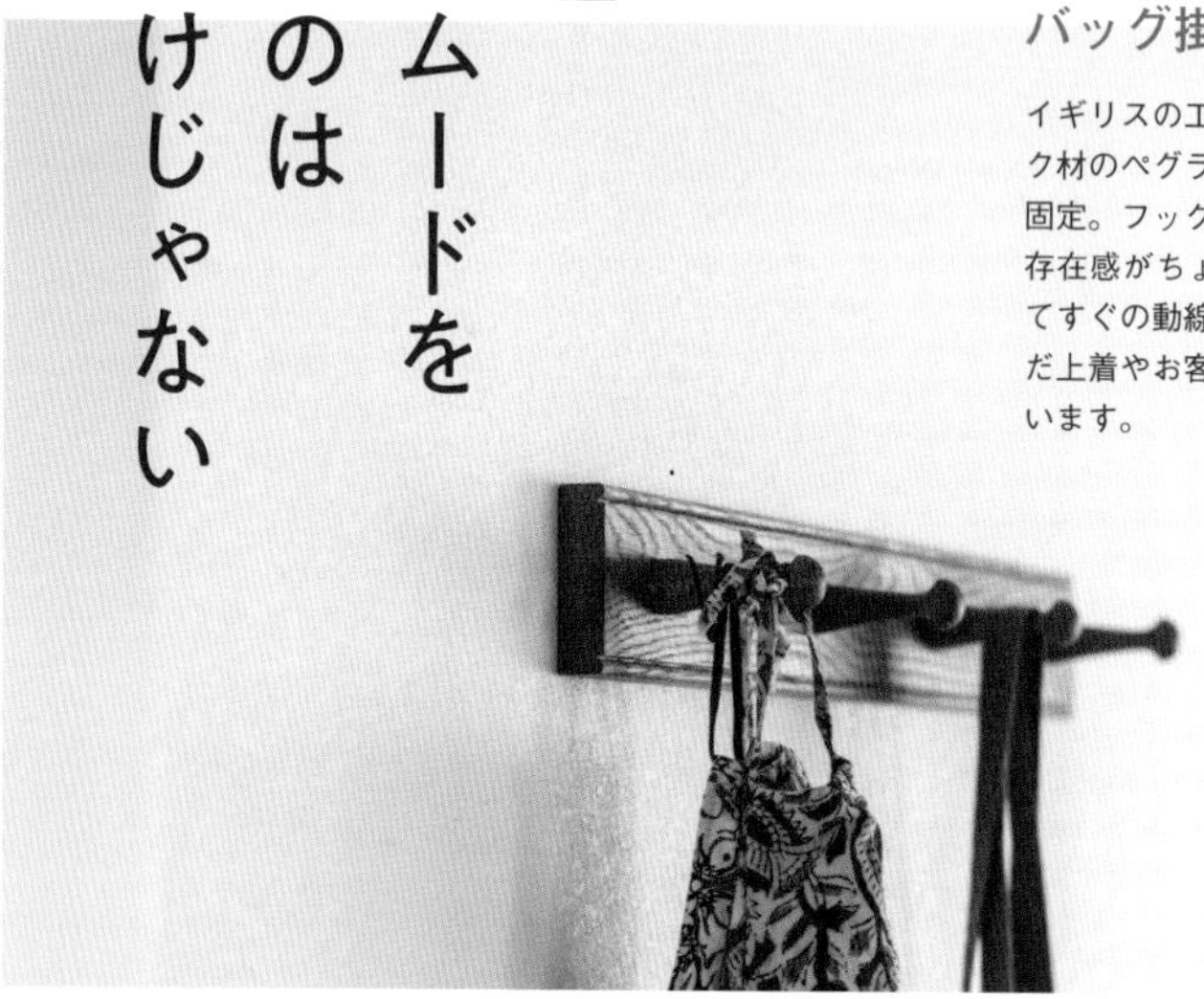

スロウワーの折りたたみチェア

シックなカラーがなじむ踏み台

高さ40センチ、耐荷重180キロの踏み台。折りたたむと厚さ4センチと超コンパクトに。この本の撮影中に、カメラマンの清水さんに教えていただきました。室内はもちろん、キャンプでも活躍しそう。シックな色展開も最高。

アットアロマのオーブ

香りで気持ちを切り替える

新たな夜の習慣は、MARKS&WEBのオイル、REFRESHを焚くこと。このディフューザーはネブライザー方式でエッセンシャルオイルの香りが薄まらずダイレクトに広がる。ガラスのフラスコは洗えます。

サンタ・マリア・ノヴェッラのポプリ

一年中嗅ぎたいスパイシーな香り

フィレンツェで800年続く世界最古の薬局のポプリポットを玄関に。スパイシーな香りは、特に梅雨時季のリフレッシュにぴったり。詰め替え用ポプリを小さなお皿に出して、部屋にも置いています。

観葉植物エバーフレッシュ

グリーンが部屋にうるおいを与えてくれる

3年半で倍ほどに育ったエバーフレッシュ。観葉植物は見た目だけでなく、日当たりや水やり頻度などをしっかり調べて、自分でも育てられそうな種類を選びます。健やかな成長っぷりに、いつも癒やされています。

もの選びのコツ　買っては捨ててのサイクルから一抜けしよう。

INTERIOR 04

場所や時間帯で音の聴き方を変える

私の暮らしに最も欠かせないもの。それは音楽です。いい音で聴きたくて、いつのまにかスピーカーは3台。さらに、ヘッドホンやイヤホンも複数あって、シーン別に使い分けています。

朝、ごはんを食べてストレッチをする間は、ジャズを流す。撮影中はBOSEのスピーカーが活躍します。Bluetoothでスマホと接続して、プレイリストをみんなでシェアできる。ポータブルだから、部屋間の移動はもちろん、屋外にも持ち出せます。

夜はソファでYouTubeやネットフリックスを見ることが多く、据え置き型のスピーカーに音を飛ばすと、臨場感が高まります。

そして、お風呂の友は防水スピーカー。おかげで長時間湯船につかれるようになりました。

一人で音に溺れるのはヘッドホン。連続再生時間が長いものは、長距離移動の時でも、充電せずに使い続けられます。

家電は次々と新しいものが出るから、思いきって買うしかない。家電のお買い得年間スケジュールも参考にしますが（エアコン、レンジ、炊飯器、洗濯機などは春から夏にかけてが安く、空気清浄機やテレビは夏から秋にかけてが安いそう）、買い替えなどは自分が必要なタイミングもあるので、結局は価格とスペックのバランスが取れた製品を選んでいます。

スピーカー類

Bang&Olufsenのヘッドフォン

BOSEのポータブルワイヤレススピーカー

ソニーの防水スピーカー

DALIのスピーカー

INTERIOR | 05

心ほどけるものを家のあちこちに

和田誠さんの原画

大切な仕事のお守り

アートは本にまつわる活動をされている方の作品を中心に、これからゆっくり集めていきたいと考えています。和田誠さんは長年憧れていた方の一人で、原画を数枚所有。どのように額装するか悩むのも楽しい。

チェブラーシカの置物

深い青が インテリアに合う

クリスマスプレゼントで夫にもらった、グジェリ焼きのチェブラーシカ。落ち着いた青色で、インテリアにもなじみます。飾り棚の旅の戦利品コーナーが置き場所。かわいいものは、ぽつんと置くか、いくつかまとめて飾ります。

モスクワオリンピックのミーシャの陶器

洗面台が定位置

わが家にもいくつかキャラクターアイテムがあります。ミーシャの置物はウズベキスタンで出合い、何重にも梱包して大事に持ち帰りました。洗面台が定位置で、倒れないように粘着マットで固定するつもり。

飾るもの

イベントで描いてもらった似顔絵

家族写真代わりにイラストを

家族写真を飾るのは気恥ずかしく、似顔絵イベントで好きな作家さんに描いていただいています。左は著書の挿画もお願いした山﨑美帆さん。右はマムアンちゃんの作者、タイの漫画家ウィスット・ポンニミットさん。

もの選びのコツ 暮らしに笑顔があるのは、愛すべきモノのおかげ。

COLUMN

5

デスクまわりのもの

デスクまわりはヨーロッパや北欧のワークスペースをお手本に、すっきり明るく整然とした空間を目指しています。

　デスクワークはワークチェアで効率アップできると聞いて、デザインも優れた、ハーマンミラーのセイルチェアに替えました。たっぷり座面が大きい分、長時間座っても背中や腰が疲れず、集中力が継続。パフォーマンスが大幅に向上しました。

　デスクまわりのアイテムは、機能性はもちろん、使うよろこびのあるものを。「楽しく素敵に働く」ために、イメージに合うアイテムを取り入れています。

ITEM 1

ヴィトラの ツールボックス

一か所に まとめられる安心感

毎日のように使うステーショナリー一式と電卓、印鑑、メジャーなどを入れています。オープンタイプで出し入れしやすく、まとめて持ち運ぶこともできる。どこに何を入れるかシミュレーションしてから手に入れました。

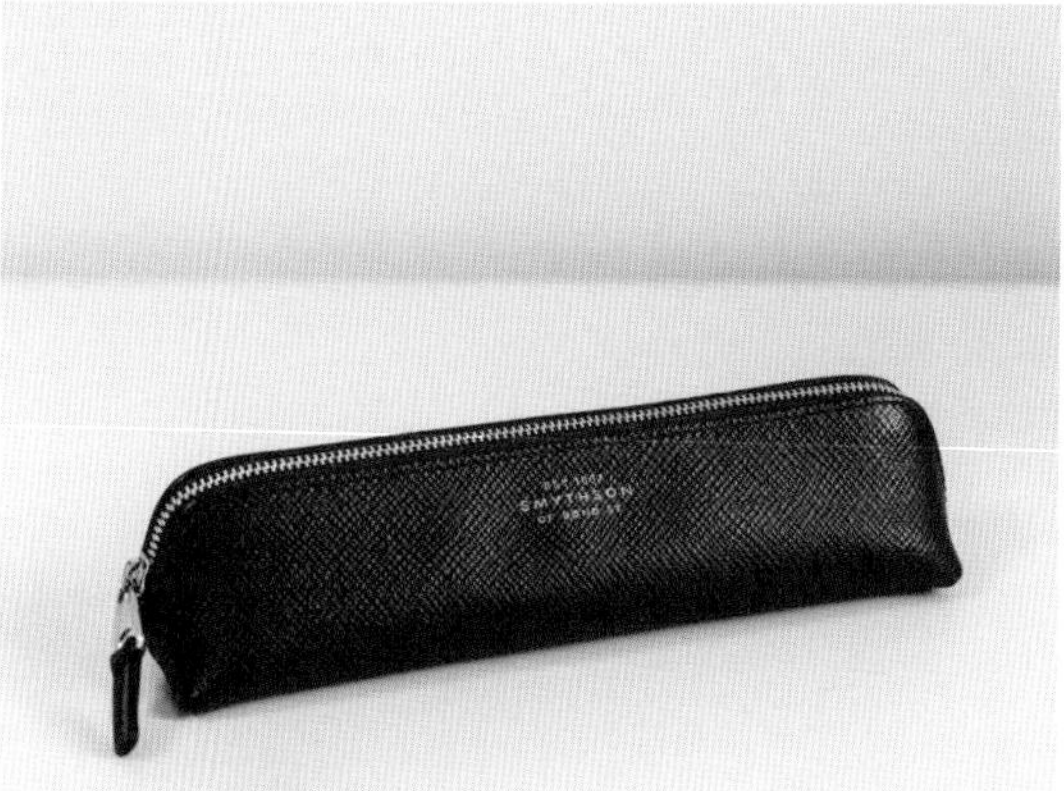

ITEM 2

スマイソンのペンシルケース

一生使い続ける大人の文房具

紙と文字に関する仕事なので、どれだけ便利になっても、紙とペンは手放さないつもり。このペンケースは表側が型押しされているから、傷がつきにくい。バッグの中で少々手荒に扱っても大丈夫です。

ITEM 3

レデッカーの パソコン用ブラシ

モニターもキーボードも これひとつで

レデッカーのパソコン用ブラシは、モニター用はやわらかく、キーボード用は硬い、異なる二種類のブラシがついています。出しておきたいデザインだから、使いたいときにすぐ手にできて、こまめなお掃除が習慣に。

ITEM 4

カール事務器の ゲージパンチ

A4とB5の紙が ルーズリーフになる

リングファイルやバインダーは、入れ替えられて整理しやすい。もらった資料やプリンターで印刷した紙類は、自分で穴を開けてファイリングしています。穴の数が多いと綴じたときに安定するので、これが大活躍です。

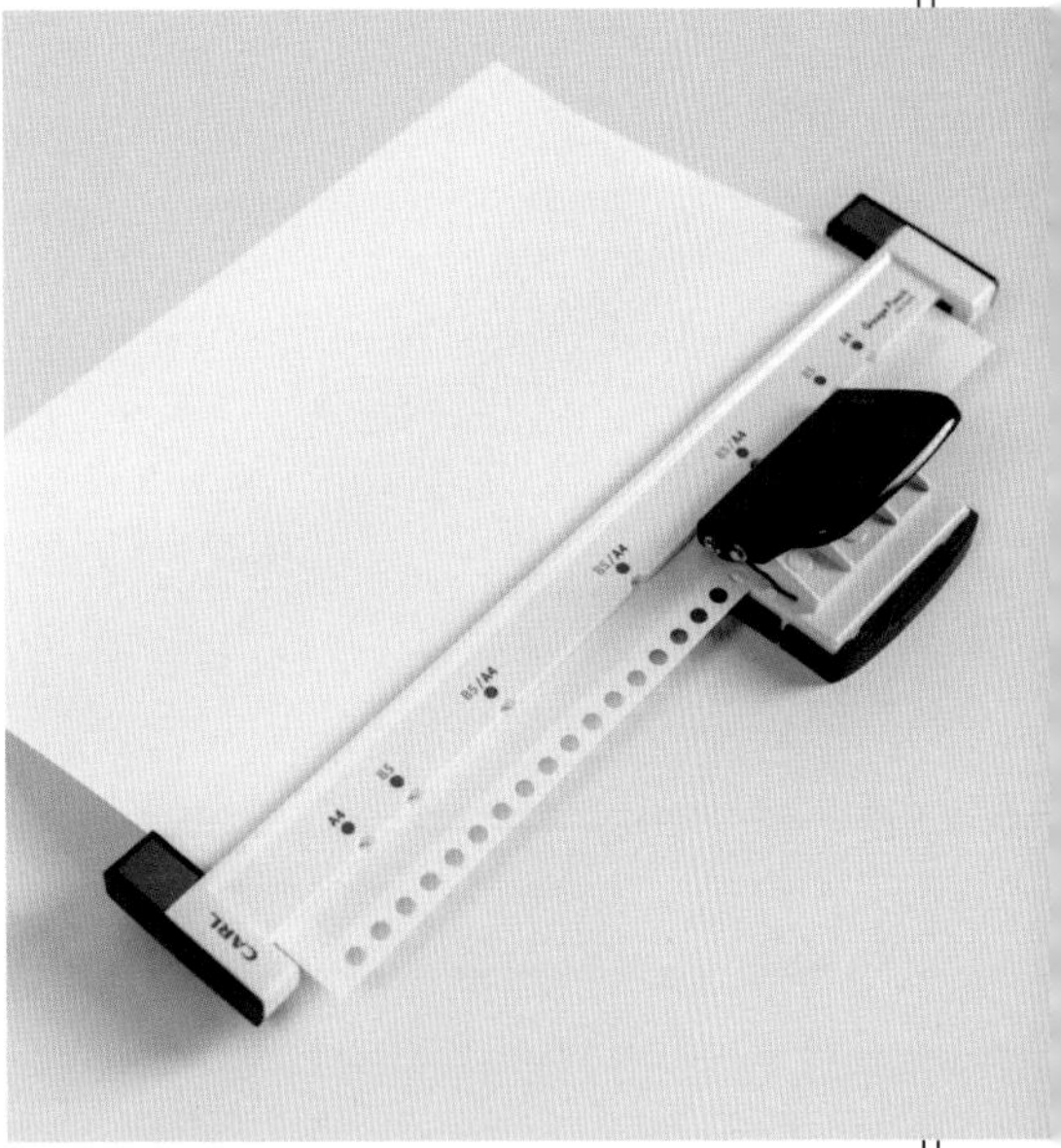

6

毎日のケアを助けるもの

DAILY CARE｜01

何を選んで使うかでコンディションが変わる

数年前までは、セルフケアにはそこまで積極的ではありませんでした。「身体が資本だから、大事にするのよ」と年上の人たちに言われても、そこまでピンときていなかったのです。

ところが、30代後半から「疲れが取れにくい」と感じるようになり、スケジュールが立て込むと、プレッシャーからか、スムーズに寝つけない日もでてきました。

そこで、自分の身体を顧みていなかったことを反省して、数年かけて睡眠まわりの環境を整えました。

いたわるって、心地良いし、素敵なこと。まだ十分ではありませんが、身体や歯のコンディションを整えるようにしたら、それがココロの穏やかさや暮らしの質の向上につながりました。

セルフケアのアイテムは必需品ではないから、後回しになりがちです。だけど、ケアが必要になったら、きっと何かしらのサインが出る。そのときは、こういったものも試してみてほしいです。

肌に触れたり塗ったりするものは、本来持っている健やかさを引き出してくれるような、ナチュラルな成分が落ち着きます。できるだけ短い期間で使いきりたいので、似た用途のアイテムは複数持たずに、使い終えてから次を購入するというサイクルにしています。

＼ 睡眠が深くなった！ ／

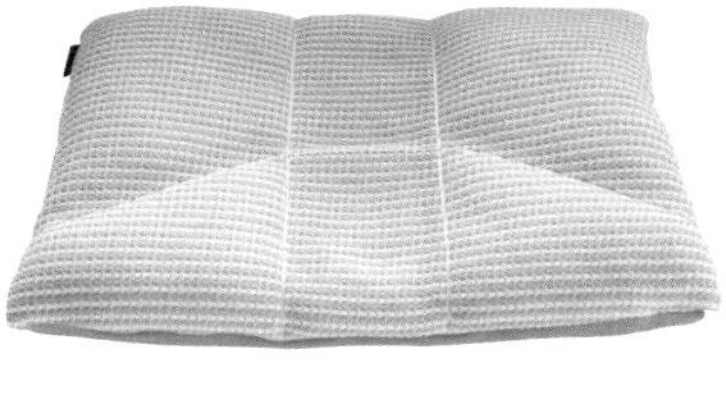

FIT LABOの
オーダーメイドまくら

身体のラインを測定して枕を替えたら、頭の収まりが良く、ポジションも安定して、ぐっすり眠れるように。そういえば首や肩も凝らなくなったような。中材は洗えて、アフターメンテナンスもあり。一生ものの枕です。

DAILY CARE 02

肌質や体質に合って ココロにも寄り添うものを

専用のミニビーカーがかわいい

イソップのマウスウォッシュ

置いた姿もよく TO DOが楽しみに

はじめは見た目から入りました。洗面所に置いたら素敵だろうな、と。そうしたらお口のケアが楽しい習慣に。今ではフロスや口内環境を改善する乳酸菌配合のタブレットなども併用して、財産である歯を守っています。

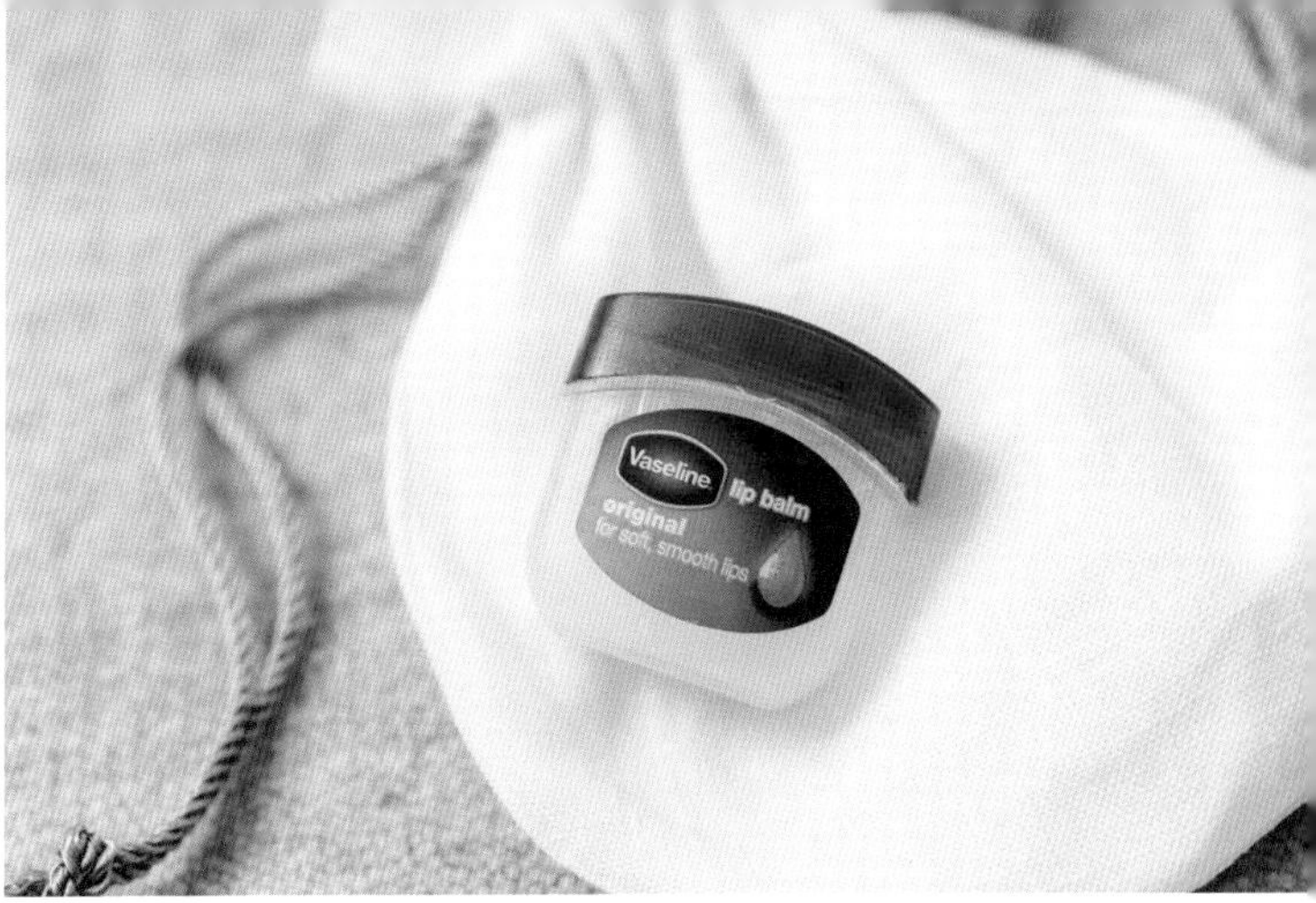

ケアアイテム

ヴァセリンのリップ オリジナル

手軽に手に入るお助けアイテム

季節の変わり目や冬場はお肌がゆらいでトラブル続き。乾燥がひどいときに、美容オイル＋同ブランドのピュアスキンジェリーのみのシンプルケアにしたら、お肌が復活。持ち歩きにはコンパクトなリップ オリジナルがベター。

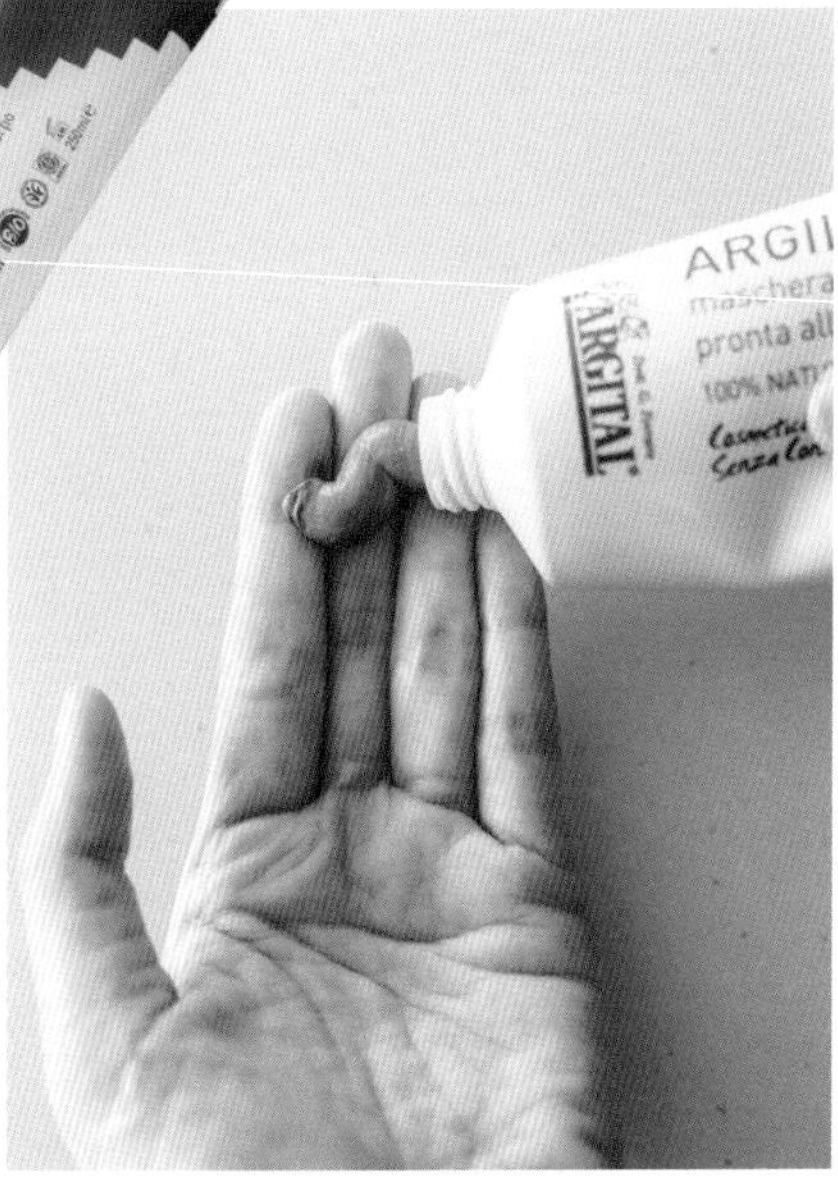

アルジタルのグリーンクレイペースト

角質をケアしてお肌を明るく

ミネラルをたっぷり含んだクレイペーストが、くすみを取り除く。お肌のざらつきが気になったら使います。塗った顔は見せられませんが、ナチュラルな使用感で洗い流すとさっぱりモチモチに。何年もリピートしています。

DAILY CARE | 03

仕上がりはもちろん、使い心地も重要

ヘアケア

ukaの
スカルプブラシ ケンザン

**頭のコリをほぐして
一日の疲れをリセット**

疲れすぎて頭が重い。そんなときは、ケンザンでこめかみから耳の後ろや頭頂部をぐりぐりとマッサージ。片頭痛が始まりそうだけど薬を飲みたくないときにも使っています。健康と美容の両方に効果を実感。

＼ 刺激がイタ気持ちいい！ ／

ジョンマスター
オーガニックのヘアワックス

**ちょうどよく髪がまとまる
オーガニック認証製品**

ヘア＆メイクアイテムはトレンドに乗って色々試してみたい。そんな中で10年近くリピートしているもの。束感を出す、ツヤを足す、ボリュームアップ＆ダウンなどオールマイティに使えます。残ったらハンドバームに。

コスメ

ラ ロッシュ ポゼの トーンアップUV下地

日焼け止めを乳液で仕込む

これも長いことリピートしているアイテム。お肌の明度が上がります。SPF50+で下地としてはもちろん、これだけで家にいるときの紫外線対策もバッチリ。乾燥を防いで、石鹸で落とせるところも気に入っています。

アディクションの アイブロウブラシ

短く硬いブラシで 太め眉毛も描きやすい

眉毛を描くのが上手くなくて、評判のいい道具に頼ってみました。短くて硬めのブラシで、テクニックがなくても太めの平行眉がかんたんに描ける。道具類は合う合わないがあるので、口コミをくまなく見ています。

THREEの シマリング グロー デュオ

ちょうどいいツヤと 血色感を足してくれる

こちらも目下リピート中。赤みやツヤを足すという本来の使い方に加えて、目元に塗ったりも。つまり、これひとつでアイシャドウとチークになって旅にもいい。顔がさえないときのお助けアイテム。

もの選びのコツ　開封したスキンケアやコスメ類は案外使用期限が短いので注意して。

DAILY CARE 04

気分の切り替えができる〝香り〟を毎日の味方に

旅先でフライト前に緊張したり、枕が変わって寝つきが悪いときなどに、お守りのように頼っている香りがあります。その香りを嗅ぐと、心細くてざわざわしていたのが、すっと落ち着く。だから、香りが気持ちに作用することは知っていました。

　いい香りを嗅ぐと、ストレスが緩和されたり、心理的にリラックスできて、フランスでは医師免許の所持者がアロマセラピー（＝芳香療法）を行っています。

　そして家ごもりしていた時期に、これまでよりもさらに意識的に、香りを切り替えのスイッチに使うようになりました。

　夜は気持ちを鎮めて、緊張や疲れを解き放ってくれる香りがほしい。入浴剤やオーガニックの石鹸、お花や茶葉などがブレンドされた薬膳茶など、空間やシーンごとにひとつずつ香りを用意しています。

　香りの選び方は、まず信頼できる自然派ブランドを探します。そして、実際に香りを嗅いでみて、自分の好みを知る。香りは嗅覚に作用するものだからフィーリングが重要で、私は効用よりも好みを優先して選んでいます。

　今後はさらに詳しく、香りを知っていきたい。時間帯やTPO、季節などによっても使い分けられたらいいなと思っています。

香水

ディプティックの
練り香水

スワンのケースで乙女な香りを

スワン柄のケースの中には練り香水。ローズとカシスの甘やかな香りにうっとりします。身体につけるのは、ほどよい甘さのある香りばかり。リラックス効果があるローズは手首や耳の後ろにそっと塗りこんでいます。

DAILY CARE 05

がんばらなくても続けたくなるケア

ヴェレダのシトラス バスミルク

ハーブと合わせて みずみずしい時間を

さっぱりシトラスが香るバスミルク。リフレッシュできるので、春夏はこちらを愛用しています。休日の日中にゆっくりお風呂に入るのが好きで、束ねたハーブも入れると、さらに贅沢なバスタイムに。

台湾・阿原《ユアン》の石けん

あたたかみのある 手作り感がうれしい

台湾で一番有名なオーガニックブランド、阿原。気候に恵まれた台湾で育ったハーブや草花を用いて、ひとつひとつ手作りしています。とにかく香りと洗い上がりがいい。溶けやすいのでネットに入れて、バスルームに吊るしています。

サウスアベニューの風邪に負けない茶

ピンク色のココロ躍る薬膳茶

お洒落な漢方茶を、よく飲んでいます。冬に常備しているのはこちらのブレンド茶で、ジャスミンやローゼル、バラ、オーガニックレモンなどビタミンCがたっぷり。のどの痛みに効く胖《はん》大海《だいかい》も入って、頼れるお茶です。

癒やしアイテム

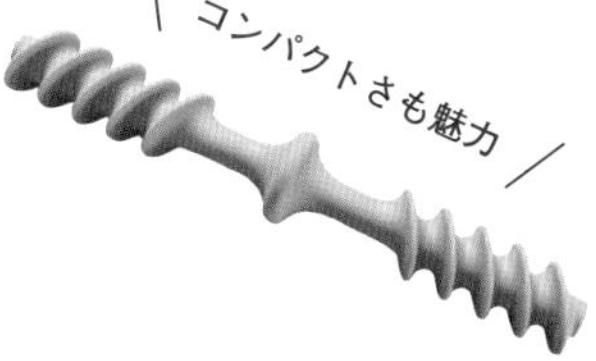

アカイシのツボフット

イタ気持ちいい踏むツボ押しグッズ

アマゾンでの良品探しが趣味で、これもそれで見つけました。椅子に座って両足で踏み、足裏のツボを刺激します。中央部分は効き目UP。エラストマー素材で水洗いも可能。部屋になじむカラーもいい。

もの選びのコツ 健康面は「予防」重視。ひどくなる前にケアする習慣を。

おわりに

すべては、暮らしやすさのために

最後までおつき合いくださって
ありがとうございます。
読んでくださった方が
ご自身のものさしを持って、
それぞれにふさわしいもの選びを
できるようになればという願いを込めて、
この本を書きました。

コンパクトな空間から生活を始めて、
そのため、もの選びもおのずと
ミニマリスト的な視点になりました。
それは、15年ほどの時が経って
多少家が広くなっても、ずっと変わりません。

ものが好きで、買物ももちろん大好きです。
選んだからには長く大切に使いたいから
ひとつずつ真剣に向き合う。
そして、ものに押しつぶされないためにも、
手に余らない量だけ持つことを
なによりも重視しています。

どう選んでどう持つかは、
いつかその人のスタイルになる。
風通しのいい暮らしのためにも
もの選びの眼を、磨いていきましょう。

柳沢小実

やなぎさわ このみ

エッセイスト、整理収納アドバイザー。1975年、東京都生まれ。日本大学芸術学部写真学科卒業。確かなもの選びの眼に定評があり、フェリシモで商品開発なども手がける。暮らしや台湾にまつわる著書は30冊以上にも及ぶ。近刊に『おうち時間のつくり方』(だいわ文庫)、『大人の旅じたく』(マイナビ文庫)がある。

Instagram @tokyo_taipei

アートディレクション：川村哲司(atmosphere ltd.)

デザイン：長谷川圭介(atmosphere ltd.)

撮影：清水奈緒、著者

校正：円水社

すっきり暮《く》らすための もの選《えら》びのコツ

2021年9月30日　第1刷発行

著者　柳沢小実《やなぎさわこのみ》

発行者　佐藤　靖

発行所　大和《だいわ》書房

東京都文京区関口1-33-4

電話03-3203-4511

印刷　歩プロセス

製本　小泉製本

ISBN978-4-479-78540-8

https://www.daiwashobo.co.jp

・本書で紹介しているアイテムはすべて著者の私物です。

・アイテムは仕様変更の可能性があります点、ご了承ください。

・現在は販売していないアイテム、入手できないアイテムが含まれますが、あらかじめご了承ください。